逻辑学

教　程

LOGIC

张　蓉◎著

江西人民出版社
Jiangxi People's Publishing House
全国百佳出版社

图书在版编目（CIP）数据

逻辑学教程 / 张蓉著 . — 南昌 : 江西人民出版社,
2022. 10

ISBN 978-7-210-14180-8

Ⅰ . ①逻… Ⅱ . ①张… Ⅲ . ①逻辑学—教材
Ⅳ . ① B81

中国版本图书馆 CIP 数据核字（2022）第 195621 号

逻辑学教程
LUO · JIXUE JIAOCHENG

张蓉 著

策 划 编 辑 : 涂如兰
责 任 编 辑 : 蒲 浩
装 帧 设 计 : 上 尚

江西人民出版社
Jiangxi People's Publishing House
全国百佳出版社
出版发行

地　　　址 : 江西省南昌市三经路 47 号附 1 号（330006）
网　　　址 : www.jxpph.com
电 子 信 箱 : web@jxpph.com
编辑部电话 : 0791-86898965
发行部电话 : 0791-86898815
承 印 厂 : 北京虎彩文化传播有限公司
经 销 : 各地新华书店

开　　　本 : 720 毫米 × 1000 毫米 1/16
印　　　张 : 18
字　　　数 : 282 千字
版　　　次 : 2022 年 10 月第 1 版
印　　　次 : 2022 年 10 月第 1 次印刷
书　　　号 : ISBN 978-7-210-14180-8
定　　　价 : 48.00 元
赣版权登字 –01-2022-472

目 录
CONTENTS

第一章 绪论

学习提示

本章是关于逻辑学的概述。通过本章的学习，使学生能够明确逻辑学的研究对象，了解逻辑学的性质和作用，并掌握学习逻辑学的基本方法，为后续系统学习逻辑学基本知识奠定基础。本章重点在于明确逻辑学的研究对象，必须掌握和理解的几个基本概念：思维、思维形式、思维形式基本规律以及逻辑方法。

第一节　逻辑与逻辑学

一、逻辑的含义

"逻辑"一词是外来语，由英语"Logic"音译而来，它源于古希腊文的"λογos"（逻各斯），原意是指思想、理性、规律性等。有学者曾用"逻辑"来指称研究推理论证的学问。在现代汉语中，"逻辑"是一个多义词，在不同语言环境中有着不同的含义。

例如：

（1）"历史的逻辑是无情的"。这里的"逻辑"一词是指客观事物发展变化的规律。

（2）"要学点逻辑知识"。这里的"逻辑"一词是指一门学问，即逻辑学。

（3）"中国人民不接受'国强必霸'的逻辑"。这里"逻辑"一词是指人们思维的规律、规则。

（4）"这是一种强盗逻辑"。这里"逻辑"是指某种特殊的理论、观点或看问题的方法。

二、逻辑学及其演变

人类从动物界分化出来后，区别于其他动物的主要特征是能制造生产工具进行劳动、能思维会说话。为求思维的准确、严密、不出错误，人类在实践中除了不断完善自己的思维器官外，还创立并发展了研究思维形式及其规律的科学——逻辑学。事实上，逻辑学早在两千多年前就产生了。古代希腊（以亚里士多德的《工具论》为代表）、古代中国（以墨家的《墨经》为代表）、古代印度（以《正理经》为代表）是逻辑学的三大发源地。

19 世纪以来，逻辑学逐渐发展成一个庞大而具有多层次的学科体系，按其门类可分为形式逻辑和辩证逻辑。形式逻辑主要研究思维形式，而不研究思维内容；辩证逻辑则是结合思维内容研究思维形式，即研究思维形式如何反映自然、社会和思维的普遍发展规律。形式逻辑又可分为传统形式逻辑和现代形式逻辑。传统形式逻辑以演绎推理和归纳推理为基本内容，通常简称为"逻辑学""逻辑"或"普通逻辑"；现代形式逻辑主要指数理逻辑（也叫符号逻辑）。我们日常说的学习逻辑通常是指传统形式逻辑。逻辑学按层次划分，既有基础学科，又有应用学科，还有许多与哲学、语言学、法学等学科交叉的边缘学科。

虽然当前高等学校开设的逻辑学受现代形式逻辑的影响发生了一些变化，如引入符号公式、内容更加丰富和完善，但就其基本体系而言，仍然是传统形式逻辑。

第二节 逻辑学的研究对象

逻辑学是一门研究思维的学科，包括思维的逻辑形式、思维形式的基本规律和简单的逻辑方法。我们着重从思维、思维形式、思维形式的基本规律及简单逻辑方法等几个基本概念加以解释说明。

一、思维

辩证唯物主义认识论认为，人的认识是一个辩证的发展过程，包括感性认识和理性认识两个阶段。感性认识是由客观事物直接作用于感官而引起的，是对客观事物外部联系和表面现象的认识，是认识的初级阶段。理性认识是在大量感性认识材料基础上，进行由此及彼、由表及里、去粗存精、去伪存真的加工制作，从而逐步达到对事物本质和规律性的认识，是认识的高级阶段。理性认识的过程就是思维。理性认识的基本形式即为思维的基本形式。

二、思维形式

思维形式，即思维的逻辑形式，包括概念、命题和推理。

1. 概念

概念是反映事物本质属性或特有属性的思维形式，是思维的细胞。如在"人是能制造和使用劳动工具的动物"这一概念中，人们对"人"这一物种的认识过程，是从人所具有的"双脚直立""有城邦""群体协作"等一般属性里，不断抽象概括出其"能制造和使用劳动工具"这一本质属性，从而得以区分人和其他动物。概念的形成或抽象源于人们的认识过程。当提及某一具体概念，人脑中有与其对应的事物或对象出现，即这一具体概念得以形成。

2. 命题

命题是对于思维对象有所断定（即肯定或否定）的思维形式。它主要由概念组成，又是进行推理的基础。如在"他是医生"这一命题中，则断定了思维对象"他"具有"医生"的属性；同理，在"政府不是全能的"这一命题中，则断定了思维对象"政府"不具有"全能"的属性。从思维内容和思维形式来看，这两个命题的内容完全不同，其所断定的对象和所属学科领域也完全不同，但我们在这两个具有不同内容的命题中可以抽取出共同的逻辑结构形式。这一共同逻辑结构形式由四个部分组成：一是被说明对象（"他"与"政府"）；二是被说明对象所具有的属性（"医生"与"全能的"）；三是联结词（"是"与"不是"）；四是被说明对象的数量（"所有"，在句子中被省略了）。如果用"S"表示被说明对象，"P"表示被说明对象的属性，那么上述四个部分的逻辑形式（或思维形式）就是：

（所有）S 是（不是）P。

其中"S"和"P"可以表示不同的具体内容，在逻辑学中称之为"变项"，"所有"和"是（不是）"不能由其他具体内容所代替，则称之为"常项"。

3. 推理

推理是由一个或几个已知的命题推出一个新命题的思维形式。它是思维活动的主体，人们的思维活动主要是靠推理来实现的。如，通过"凡是规律都是客观的"和"突发事件演变规律是规律"这两个命题，可推出"突发事件演变规律是客观的"这一新命题；再如，通过"一切唯物主义者都是可知论者"和"费尔巴哈是唯物主义者"，可推出新命题"费尔巴哈是可知论者"。

这两个推理的具体思维内容完全不同，但它们包含着性质相同的组成部分：三个不同的命题和三个不同的概念。三个命题中有两个命题是推论的依据，一个命题是推论的结果。三个概念，每一个概念都出现了两次，而且是出现在不同的命题之中。如果我们用"M"和"P"分别代表第一个命题的前后两个概念，用"S"和"M"分别代表第二个命题中的前后两个概念，用"S"和"P"分别代表第三个命题的前后两个概念，那么这两个推理共同的思维形式就是：

（所有）M是P，

（所有）S是M，

所以，（所有）S是P。

4. 思维形式的特征

通过以上概念、命题和推理的叙述，我们可进一步了解思维形式的特征：

第一，思维形式是从具体思维内容中抽取出来的带有共性的东西，即不同的思维内容所呈现出的一般联结方式或结构。

第二，思维形式由常项和变项组成。逻辑常项是判定和区别不同种类逻辑形式的依据。

第三，思维形式包括概念、命题和推理。其中，概念是思维的细胞，命题由概念组成，推理由命题组成。

三、思维形式的基本规律

所谓思维形式的基本规律，是指思维内容一般结构的规律，即由概念组成命题和由命题组成推理的规律。关于思维形式的基本规律有四条：同一律、矛盾律、排中律和充足理由律。这些基本规律是客观的，是不以人的意志为转移的；这些规律不是人们主观臆造的，也不是约定俗成的。如"这个山洞从来没有人进去过，进去的人也从来没有出来过"这一命题，就违反了矛盾律，因而这一命题为虚假命题。

人们在思维过程中只有遵守这些基本规律，才能保证思维的确定性、无矛盾性、一贯性和论证性。思维形式的基本规律，顾名思义，它完全不涉及任何具体内容，也不回答任何事实问题。正因为如此，它对任何思想都具有约束力，且有可能适用于一切科学，从而成为对一切科学都普遍有效的规律。

四、简单的逻辑方法

逻辑学除研究思维形式和思维形式的规律以外，还研究一些简单的逻辑方法。简单的逻辑方法是指，在认识事物的简单性质和简单关系的过程中，与思维形式运用相关的一些逻辑方法。如明确概念的方法（定义、划分、概括、限制等）、探求因果联系的方法、证明与反驳的方法等等。这些简单的逻辑方法对于保证思维形式的确定性有着重要的作用。

事实上，简单的逻辑方法主要相对于辩证逻辑的研究方法而言。由于只依靠上述逻辑方法还不能使人们获得对自然、社会和思维的本质和普遍规律的深刻认识，因而需要在辩证思维中运用分析与综合相结合、归纳与演绎相结合、历史与逻辑相结合以及从抽象上升到具体等方法。在此过程中，尤其要注重与事物的矛盾运动相关联。

第三节　逻辑学的性质、作用及学习方法

一、逻辑学的性质

如前所述，逻辑学的研究对象是思维形式、思维形式的基本规律以及简单的逻辑方法，这就决定了逻辑学这门学科的性质：

1. 基础性

传统科学的划分，一直将数学列为众学科之首。数学作为精确的分析工具，使物理学、化学、天文学、地质学、生物学等自然科学乃至经济学、政治学、社会学等社会科学得以发展。但就逻辑学、数学和其他学科的关系而言，并非任何学科都要使用数学，然而任何学科都必须使用逻辑学。可以说，逻辑学是各门学科产生和发展的必要条件，任何领域无论其理论体系的建立还是具体问

题的解决，都离不开逻辑思维与逻辑方法。因此，世界各国都将逻辑列为学校文化基础课。在1974年联合国教科文组织公布的学科分类目录中，逻辑学被列为基础科学，则进一步肯定了逻辑学的基础性地位。

2. 工具性

逻辑学在相当长的时期内一直包容在哲学之中，作为哲学的一部分而存在。但逻辑学并不研究世界的本质等哲学方面的问题，也不研究自然界和人类社会的发展规律。逻辑学自诞生起就被当成工具性的科学来运用。古希腊哲学家亚里士多德创立了演绎逻辑，17世纪英国哲学家培根开拓了归纳逻辑这一新领域，他们在逻辑学领域的著作分别为《工具论》和《新工具论》。马克思主义产生以后，逻辑学逐渐从哲学中分离出来，成为一门独立的学科，此时逻辑学的认识和论证工具性质更为明显。总体而言，逻辑学是有关思维形式及其规律的科学，为人们提供了认识和论证的工具，也是任何科学研究和理论构建过程中不可或缺的工具。

3. 人类性

逻辑学研究思维形式及其规律和简单的逻辑方法，它作为一门工具科学，其本身是没有阶级性的。一切国家和民族的任何阶级的人，都遵循思维形式的规律，运用概念、命题、推理等思维形式进行思维。当然，逻辑学本身没有阶级性，并不等于对它们的解释和说明不会受到一定的政治观点和哲学观点的影响，实际上，在这门学科中唯心主义和唯物主义的斗争一直在激烈地进行着。

二、逻辑学的作用

逻辑学是人们在长期的社会实践中所运用的思维形式、思维方法和思维规律加以抽象概括的产物，自从创立之时起，就被认为是"正确思维的必要工具"。逻辑学对社会实践的指导作用主要表现在以下几个方面：

1. 认识作用

逻辑学有助于人们正确地认识事物，获取新的知识。虽然实践是认识的来源，但人们作为认识的主体，其知识的获取并不都是来源于亲身实践，而主要是通过间接途径获取。然而，无论是获取直接知识还是间接知识，都需要掌握逻辑学这一思维工具。从直接知识来说，人们在亲身实践中获得了大量的、丰富的感性材料，需要思维对这些感性材料进行加工制作，即遵循逻辑规律的要求，将这些感性材料形成概念和命题，使感性知识变为理论知识。从间接知识来说，人们可在已知的理论知识基础上，通过逻辑推理来获得新的知识，从而有助于理论知识的凝练和发展。

2. 论证作用

逻辑学有助于人们准确地、严密地表述和论证思想。人们在社会生活交往中，需要准确地表述和论证自己的思想，从而让他人理解和接受。这就需要掌握逻辑知识，即在遵循思维规律的基础上，运用概念、命题和推理等思维形式和思维方法，做到概念准确、命题恰当、推理符合逻辑，以准确地表述和论证自己的思想。

3. 驳斥作用

逻辑学有助于人们揭露诡辩，驳斥谬误。在人们认识客观事物和表述论证思想的过程中，有时会出现一些逻辑错误，究其原因，往往是由于违反逻辑规则和逻辑规律所致。在辩论过程中，有的人为了达到某种目的，常常要弄诡辩，以似是而非的言论，取代正确的东西。从根本上说，诡辩也是违背逻辑的。掌握了逻辑知识，就可以根据逻辑规律和规则，揭露诡辩与谬误中所犯的逻辑错误，从而达到驳斥谬误的目的。

二、逻辑学的学习方法

逻辑学对于初学者而言，会略显枯燥和抽象，在理解上也会有一定的难度。然而逻辑学本身并不难，只要我们肯下功夫、循序渐进，就能很好掌握其内容。

第一，循序渐进地掌握逻辑基础理论。由于逻辑学前后知识的衔接与依赖很突出，如果跳跃中间的内容，后边的知识点就很难衔接上。因此，在学习过程中要循序渐进，注意前后关联与衔接。

第二，将逻辑学的学习融入生活。可以有意识地运用逻辑知识，去思考和分析日常生活学习中的有趣现象，从而在巩固所学知识的基础上，增加学习的乐趣。

第三，认真做练习。为便于大家复习和巩固所学知识，每章后都附有"复习思考题""思维训练题"和"巩固与拓展"等。认真做练习，能够使初学者切实掌握有关内容，巩固所学各种逻辑知识，并在不同情境中应用和拓展。

📖 复习思考题

1. 逻辑学的研究对象有哪些？

2. 什么是思维形式？它由哪几个部分组成？其中哪一部分是区别不同逻辑形式的依据？

3. 如何理解逻辑学的性质？

4. 学习逻辑学有何作用？

5. 怎样才能学好逻辑学？

📖 思维训练题

一、指出下列各段文字中"逻辑"一词的含义。

1. 严冬过后就是春天，这是自然的逻辑。

2. 马克思的著作清晰而合乎逻辑。

3. 要想写好文章，这要有一定的逻辑修养。

4. 在有些人看来，贪官比清官更受欢迎，这真是奇怪的逻辑。

5. 只有感觉的材料十分丰富和合乎实际，人们才能依据这样的材料形成正确的概念，作出合乎逻辑的结论来。

二、指出下列各段文字中具有共同逻辑形式的命题或推理，并用公式表示之。

1. 政府职能转变是机构改革的前提和基础。

2. 如果我们要使政策得到预期的结果，那么，就要使我们的政策合乎客观外界的规律性。

3. 天体是运动的，恒星是天体，所以，恒星是运动的。

4. 对权力的监督，或是事前监督，或是事后监督，或是事中监督。

5. 对权力的监督，不但要事前监督、事后监督，还要事中监督，使权力始终处于监督之中。

6. A 班同学期末考试全部及格了，张三是 A 班的同学，所以，张三期末考试也及格了。

7.胜者或因其强，或因其指挥无误。

8.中国是一个发展中的社会主义大国。

9.如果某人获得见义勇为的称号，那么他一定是一个勇敢正直的人。张山获得见义勇为的称号，所以张山一定是个勇敢正直的人。

10.如果世界上还存在帝国主义，那么就存在着战争的根源；现在世界上还有帝国主义；所以，现在世界上还存在产生战争的根源。

11.他要么是国家公务员，要么是非国家公务员。

12.或是A队胜，或是B队胜，二者必居其一。

13.如果这是一个等边三角形，那么，它就是一个等角三角形。

14.这支队伍能征善战。

15.只有努力学习，才能得到较好成绩。

📖 巩固与拓展

一、单项选择题

1.逻辑学的研究对象不包括（　　　）

A.思维内容　　　　　　　　　　B.思维形式

C.思维形式的基本规律　　　　　D.简单的逻辑方法

2."只有学习好，才能当三好学生"与"除非努力，否则不能成功"这两个命题，它们的（　　　）

A.逻辑常项相同但逻辑变项不同　　B.逻辑变项和逻辑常项都相同

C.逻辑常项不同但逻辑变项相同　　D.逻辑变项和逻辑常项都不同

3."如果天下雨,那么地面湿"与"只要天下雨,地面就会湿"这两个命题，它们的（　　　）

A.逻辑常项相同但逻辑变项不同　　B.逻辑变项和逻辑常项都相同

C.逻辑常项不同但逻辑变项相同　　D.逻辑变项和逻辑常项都不同

4.以下与"不入虎穴，焉得虎子"具有相同逻辑结构的是（　　　）

A.没有调查，没有发言权　　　　B.失败是成功之母

C.滴水之恩，当涌泉相报　　　　D.世上无难事，只要肯登攀

5.以下与"知己知彼，百战百胜"具有相同逻辑结构的是（　　　）

A.巧妇难为无米之炊　　　　　　B.助人为快乐之本

C.路遥知马力，日久见人心　　　D.失之毫厘，谬以千里

二、综合分析题

1.阅读下列材料，试分析邓析在辩论中体现的逻辑元素。

据《吕氏春秋》记载，有一年郑国发大水，有个富人渡河时不慎失足落入河里被淹死，尸体被一个穷人打捞上来。富人的家属听说后，就想花钱赎回尸体安葬。那个穷人知道死者家里很有钱，认为可以趁机捞一把，就漫天要价，但富人家却不想多出钱。双方相持不下，事情就闹僵了。富人家属去找邓析，请教解决的办法。邓析说："别着急，你们不要多出一文钱赎金。放心吧，对方只能把尸体卖给你家，因为除了你家，没有第二个人会向他买这具尸体。尸体不能长期存放，只要拖着不给钱，那个人自然会降价的！"富人的家人听了邓析的分析后，感到言之有理，就耐心等着，不着急了。过了几天不见富人家人来买尸体，那个穷人坐不住了，也来找邓析给出主意。邓析对那个穷人说："不要着急，一文钱赎金也不要降低，因为对方除了在你这里能买到那具尸体，在别处是买不到的！"穷人一听有理，也不着急了。

2.阅读下列材料，试分析社会治理精细化与公众参与间的内生逻辑。

社会治理精细化的特质体现在具体的理念与实践之中，社会治理精细化的价值取向是"人的精准管理与服务"，是实现以人为本的个性化治理。社会公众作为精细化治理的重要主体，是影响精细化治理水平的重要因素。在数字化时代，将"数字化"作为实现公众参与社会治理精细化的载体，建构推动公众参与社会治理精细化的合理路径，促进社会治理精细化的政策形成，以实现公众参与社会治理精细化政策的统筹推进和长效运作。

（1）从精细化的社会治理理念来看。精细化管理作为一种现代企业管理理念，由 20 世纪初美国的"科学管理"和日本丰田汽车公司的"精益管理"发展而来，提倡以最小的资源投入创造尽可能多的价值产出，通过对战略和目标进行分解、细化，以管理责任的明确与落实来保证管理的精益求精。精细化管理主要通过规范化、制度化、数据化、标准化以及人性化等保障措施来实现企业管理的目标。精细化管理由于其精准高效的特质而受到了全球企业管理界

的关注研究、模仿扩散，逐步从管理理念上升为管理理论。随后，企业界的精细化管理理念被逐渐应用到政府部门的社会治理体系建设中。

近年来，社会治理精细化受到学术界的广泛关注，学者们主要从以下角度对社会治理精细化的理念进行阐释：一是对社会治理精细化的含义解读。社会治理精细化的含义可从技术与服务两个层面予以剖析：更加注重加强行政管理的技术应用与程序规范，以科学管理促进科学发展；更加关注社会诉求的回应性，以提升公众参与社会治理创新的积极性和公共服务供给的灵敏度与细致化程度；更加强调以技术手段提升治理效率，以人文关怀服务于人的需求。二是对社会治理精细化的过程解读。社会治理精细化可以诠释成以"精准细严"为具体表现的集成过程："精"主要表现为精益求精地追求社会治理效果；"准"主要表现为政府管理和运作流程要实现标准化；"细"主要表现为各部门要细化分工、紧密衔接；"严"主要表现为保持严谨的工作态度，严格遵守行为规范和执行标准。三是对社会治理精细化的特征解读。社会治理精细化具有立足于服务、治理主体多元协同、治理手段灵敏、治理标准规范，以及数字技术支撑等显著特点。从上述分析可以看出，社会治理精细化充分体现了以人民为服务主体、以人民为参与主体的人本主义治理理念，以及"精准细严"的高效治理理念。

作为一种新型的治理范式，精细化治理是对传统粗放式、经验化治理模式的反思、批判和超越。在现代社会治理中，制度、政策和工具三个要素变得日益重要，公共政策的质量更是直接关系到社会治理的效果。公共政策是精细化社会治理的重要手段，以完善选择机制来实现政策供给的精准性与有效性。精细化理念是实行社会治理精细化的前提基础，社会治理精细化理念的实践贯穿于制度设计、主体互动、利益分配与资源供给等整个流程。在推行精细化治理理念的当下，政府的政策制定、落实总会有难以触及的角落，因此，公众作为一种重要的补充力量参与社会治理，有助于促进社会治理的精细化与政府决策的科学化。

（2）从精细化的社会治理实践情境来看。创新社会治理体系需要对各类治理观点进行"再治理"，从而在理论层面为社会治理实践提供一个明晰的政策环境，逐渐将社会治理聚焦到精细化社会治理层面。借鉴企业精细化管理的经验，从粗放式管理到精细化治理是社会治理现代化转型的重要体现。我国对社会治理精细化的探索有一个逐步发展的过程。2015年召开的党的十八届五中全会明确提出，要"加强和创新社会治理，推进社会治理精细化，构建全民共建共享的社会治理格局"。这一战略目标的核心要义包括社会治理的政策精准有效、治理措施的精准到位、治理问题的靶向瞄准等特征。2017年召开的党的十九大在此基础上提出了要"提高社会治理社会化、法治化、智能化、专业化水平"，进一步指明了社会治理精细化的未来发展定位。2021年颁布的《中华人民共和国国民经济和社会发展第十四个五年规划和2035年远景目标纲要》提出，要"不断提升城市治理科学化精细化智能化水平，推进市域社会治理现代化"，"推动社会治理和服务重心下移、资源下沉，提高城乡社区精准化精细化服务管理能力"，对社会治理的精细化走向提出了新的要求。以上所述党和国家对社会治理精细化的战略部署，非常清晰地表明了推行精细化社会治理的决心，不仅指明了改革方向，更是成为开展精细化社会治理实践的基础。

当前，我国政府高度重视社会治理的精细化，往往通过出台一系列政策推进某项社会治理目标任务的完成，以有针对性的政策目标与政策措施实现政策的精细化。然而，政府颁布的诸多政策往往都是自上而下的，与此不同的是，公众参与是以一种自下而上的方式进行。当社会问题进入政府议程而上升为政策问题时，必须将公民参与政策作为基本前提，确保政策设置的公共性、平等性、民主性与合法性。因此，公众参与社会治理精细化政策既是公民权利的保障，更是决策科学化的要求。

（3）从公众参与数字化治理的情况来看。长期以来，我国对公众参与社会治理给予了足够重视。2004年召开的党的十六届四中全会提出，要"推进社会管理体制创新。建立健全党委领导、政府负责、社会协同、公众参与的社会管理格局"。在中国社会治理模式从社会管理向社会治理转型过程中，2019年召开的党的十九届四中全会进一步提出，"社会治理是国家治理的重要方面。必须加强和创新社会治理，完善党委领导、政府负责、民主协商、社会协同、公众参与、法治保障、科技支撑的社会治理体系"，明确指出公众参与是我国社会治理体系的重要组成部分，表明了公众参与在社会治理体系中的主体地位。近年来，随着国家对公众参与的倡导与重视，公众参与社会治理的广度与深度不断增加、途径与方式不断丰富。治理主体的多元化发展为公众参与社会治理提供了契机，公民权利意识的觉醒激发了公众参与的积极性，数字化的表达渠道更是为公众参与创造了有利条件。因此，治理的主体地位、参与意识的深化和参与渠道的便捷多样共同加速了公众参与数字化治理的进程。

从社会治理的演进趋势可以发现，"一元治理"正在向"多元治理"的范式转变。政府不再是唯一的决策主体，而是"元治理"的主体，企业、社会组织、公民参与其中，形成参与式治理的新格局。随着"放管服"改革的深入推行，政府逐步向市场和社会放权，企业家群体、专家学者、媒体和公众的话语权增强，政策设置正在经历一元主体向多元主体互动创设的制度变迁。借助互联网传播的信息放大效应，普通公民也可能成为"意见领袖"，通过政策论坛发起政策倡议，影响政府决策。多元治理主体之间的"竞争"和"协作"能够提高社会治理的效率。因此，治理范式的转变为公众参与社会治理提供了契机，公众参与也为治理效能提升提供了动力。

从社会治理的演进趋势可以发现，公众参与社会治理观念正在发生转变。随着经济社会转型的不断深化和扩大，国家制度的变迁和公民意识的觉醒产生了公众不同的权益维护与诉求表达方式。与此同时，公众参与的社会治理体系更加强调公民的民主权利，有效激发了公民参与社会治理的热情，更好地实现了广大公民利益表达、行政监督等权利。公众广泛参与社会治理是新时代社会治理的内在要求，公众参与社会治理观念的转变使得公众参与社会治理的深度与广度不断增加，公众更加愿意运用数字化渠道表达自己的诉求，数字化成为公众参与社会治理精细化的良好基础。

从社会治理的演进趋势可以发现，民情民意表达系统的建设正在日臻完善。当前，我国的政府网站设立了网上信访、"互联网＋公共政策意见征集"等民情民意采集平台，成为加快数字化治理进程的重要举措。各种公共论坛、自媒体平台为公众表达自身诉求、参与政策议题讨论提供了便捷途径，也为公众诉求进入政府视野提供了重要渠道。然而，在社会治理精细化政策的制定过程中，公众参与社会治理的程度与效率仍然有待提高。政府作为传统的治理主体，掌握的资源、技术、治理能力和行动逻辑与精细治理的要求仍有差距。因此，提升社会治理精细化的水平，应当从滞后低效的治理手段转向科学高效的治理手段，向"共建共治共享"的多元治理格局转型，拓宽社会公众参与社会治理的数字化渠道。

材料来源：雷晓康、张田《数字化治理：公众参与社会治理精细化的政策路径研究》

（《理论学刊》，2021年第3期）

第二章　概念

学习提示

本章是关于概念的学习。概念是思维的细胞，是组成命题和推理的基本单位。因此，概念相关知识的掌握是后续各章学习的基础。在概念相关知识的学习中，理解和把握概念的内涵和外延最为关键。只有明确了概念的内涵和外延，才能从"质"和"量"上明晰概念，以准确理解概念和使用概念。概念的种类是从内涵和外延两个方面对概念作出的区分与讨论。概念间的关系则是依据概念的外延大小来讨论两个或多个概念间所具有的关系。本章我们还会学习几个简单的逻辑方法，包括概括与限制、定义与划分。概括与限制是根据概念的内涵和外延间的反变关系进一步明晰概念的逻辑方法。定义与划分则是明确概念内涵与外延的逻辑方法。

第一节　概念概述

一、什么是概念

概念是反映思维对象特有属性或本质属性的思维形式。

思维对象是指一切能被人类认识或思考的客体。在客观世界中存在着各种各样的客观事物和现象，它们具有如大小、多少、好坏、美丑等性质，同时它们之间还可以具有对立统一、吸引排斥等关系。客观事物和现象的这些性质和关系统称为属性。

在客观事物或现象的众多属性中，有的属性是其特有属性，有的属性是非特有属性。特有属性是指只为该事物所特有，而其他事物所不具有的属性。如，"人是能制造并利用工具进行劳动的动物"。这就是人的特有属性，是其他动物所不具有的属性。非特有属性就是指不仅仅该事物所有，其他事物也具有的属性。如，"有五官"则是人的非特有属性，因为它不仅为人所有，也为其他的高级动物所有。

在客观事物或现象的众多属性中，有的属性是本质属性，有的则是非本质属性。那么，如何区分本质属性和非本质属性呢？本质属性就是指决定一事物之所以成为该事物并与其他事物区别开来的属性，也称为事物的质的规定性。如，"由不在一条直线上的三条线段所围成的密闭图形"，这是三角形的本质属性。因为它决定了一个图形是三角形，而不是四边形或其他图形。至于三角形的各边的边长、各个内角的角度大小等就不是三角形的本质属性，而是其非本质属性。也就是说，非本质属性是对这个事物的存在不起决定性作用的属性。人们要认识和把握事物，就是要认识事物的本质属性。只有在一定程度上认识了事物的本质属性，才能形成概念。

概念的形成过程就是思维对感性材料进行加工制作的过程，一般是通过比较、分析、综合、抽象、概括等逻辑方法来进行的。其中最为重要的是抽象和概括。抽象就是撇开对象的非本质属性，抽取其本质属性的方法。概括就是抽取出一类对象共同具有的、而其他对象所不具有的特有属性的方法。例如，"商品"这个概念的形成，首先要对各种物品进行比较，并分析出其各自的属性，然后再把这些属性加以综合分类，抽取出商品这一类物品所特有的、而其他物品所不具有的属性，从而得出了商品"用来交换的劳动产品"这一本质属性。这样，我们就得到了"商品"这一科学的概念。

人们对客观事物或现象的认识是一个由浅入深的过程，因而，人们对于认识对象的本质属性也是一个不断深化的过程。人们在实践中最初总是得到关于对象表面现象、外部联系的认识，只能把握到对象一些表面的特有属性，形成初级概念。随着人们实践的发展和认识能力的增强，人们反映客观对象本质属性的概念也不断深化和完善。换言之，人们对客观对象本质的认识越深刻，形成的概念也就越深刻。

　　另外，由于人们认识的角度和实践需要解决的问题不同，对于同一对象，可以从不同的方面来反映其不同的本质属性。例如，"水"在物理学中的概念是无色、无味、无臭的透明液体，而在化学中水分子就是两个氢原子和一个氧原子组成的化合物。

　　概念具有真假性。凡是正确地反映了对象本质属性的概念就是真实概念，在客观世界中存在着与真实概念相对应的对象，如"人""商品""水"；凡是没有正确反映对象本质属性的概念就是虚假概念，在客观世界不存在与之相对应的对象，如"神""鬼""上帝"等。

　　概念在人类思维中有着重要的作用：

　　第一，概念是思维的细胞，是人们进行命题和推理的基本要素。概念是思维形式的最基本单位，由概念组成命题，再由命题组成推理，没有概念，人们就无法进行思维活动。

　　第二，概念是思维的结晶，它一方面凝结和巩固人们对于对象本质认识的成果，另一方面，人们通过命题、推理，获得新的知识，形成新的、更为深刻的概念。

　　第三，人们借助概念，可以从本质上将同类对象联系起来，把不同类的对象区分开来。

二、概念与语词

　　概念作为思维的最基本单位，与它相对应的语言形式是语词。概念与语词的关系是对立统一的关系。

　　1. 概念与语词间的联系

　　（1）语词是概念的语言形式，是概念赖以存在的条件，任何概念都是通过语词来表达的，没有也不可能有离开语词而存在的概念。

　　（2）概念是语词的思想内容，只有表达一定概念的语词才有具体的含义。

　　2. 概念与语词间的区别

　　（1）概念与语词属于不同学科范畴。概念是一种思维形式，是对客观事物的一种反映，由逻辑学加以研究；语词是一种语言形式，它只是用来表达概念、标志事物的一组符号或一组声音，属于语言学范畴。

　　（2）概念与语词并非一一对应。主要分为以下三种情况：

其一，并非每一个语词都表达概念。例如，"啊！祖国"这句话中的"啊"，表示感叹，没有具体的含义，不表达概念。一般来说，汉语中的实词一般都表达概念，而虚词一般都不表达概念。

其二，同一概念可以用不同的语词来表达。如，"世界观"与"宇宙观"，"医生"与"大夫"，"妈妈"与"母亲"等。

其三，同一语词在不同的语言环境中可以表达不同的概念。在第一章中我们讲了"逻辑"这个概念在不同的语言环境中的不同含义就是一例。还如，"发展经济"和"这样办是比较经济的"，同是"经济"这个语词，在不同的语言环境中，表达了不同的概念。

（3）概念具有全人类性，语词则具有民族性。概念的内容完全由对象来决定，而对象在世界范围内是有统一性的。如"商品"这一概念所反映的内容，在全人类是一致的。而语词作为表示客观对象或表达概念的声音与符号，用什么语词表达什么概念，则是民族习惯的产物。如中国人叫"商品"，美国人叫"Commodity"，德国人叫"Handed"。因此，语词是有民族性的。

三、概念的内涵与外延

任何反映对象的本质属性或特有属性的概念都有两个逻辑特征，即概念的内涵和外延。

概念的内涵就是概念所反映对象的本质属性或特有属性，通常也称之为概念的含义。例如，"三角形"，这个概念内涵是"三边封闭的图形"；"商品"这个概念内涵有"用来交换的劳动产品""具有价值和使用价值"等；"中国共产党"这个概念的内涵有"工人阶级的先锋队组织""代表中国先进生产力的发展要求""代表中国先进文化的前进方向""代表中国最广大人民的根本利益"等。从上述例子中可以看出，一个概念的内涵可以是一个，也可能是两个或多个，即概念的内涵有多少之分。概念内涵的多少，是由对象的本质属性或特有属性的多少决定的。

概念的外延就是指人脑中具有概念所反映的特有属性或本质属性的对象的总和，通常称之为概念的适用范围。例如，"商品"这一概念的内涵是"用来交换的劳动产品"，其外延就包括古今中外一切用来交换的花色品种各不相同的劳动产品。换言之，古今中外用来交换的花色品种不同的劳动产品，都具有"商品"这个概念所反映的特有属性。而"高科技商品"则是采用高科技或高科技手段生产的知识密集、技术含量大的高附加值创新产品,如扫地机器人、智能衣橱等。很显然,"商品"这一概念所具有的对象总和远大于"高科技商品"这一概念所包含的对象总和,我们可以说,"商品"的外延大于"高科技商品"的外延。可见,概念的外延有大小之别。一个概念外延的大小是由概念的内涵所决定的,即由概念所反映的本质属性或特有属性的对象决定的。

概念内涵与外延是相互依存、相互制约的。对一个概念来说,内涵是概念的质,它说明概念所反映的对象是什么样的;外延是概念的量,它说明概念所反映的是哪些对象。确定了一个概念的内涵,也就规定了概念的外延。

第二节　概念的种类

为了进一步把握概念这一思维形式,逻辑学根据概念的内涵和外延的不同情况,将概念分为单独概念和普遍概念、集合概念和非集合概念、实体概念和属性概念以及肯定概念和否定概念。

一、单独概念和普遍概念

所谓单独概念,是指反映某一特定对象的概念,即概念的外延只有一个分子。如,"毛泽东""北京""中华人民共和国""2021 年元旦"等。在现代汉语中,表达单独概念的语词主要是专有名词,如人名、国别、地名、时间、单位名以及事件名等。

所谓普遍概念,是指反映若干个别事物组成的一个类的概念,其外延的分子有两个或两个以上。如,"政治家""军事家""农民""工人""工商企业"等。普遍概念在汉语中一般用普通名词来表达。如,"人""单位""城市""国家""民族"等。它们的外延都不是独一无二的对象,而是由许多对象组成的类。普遍概念还可以用动词、形容词来表达。如,"走""跑""美丽""聪明"等,这些概念都是对某一事物的某一状态或某种性质的概括。此外,普遍概念也可以用词组来表达。如,"中国的城市""法国菜""正义的战争"等。

二、集合概念和非集合概念

集合概念与非集合概念是根据概念所反映的对象是否为集合体所作的分类。集合概念是反映集合体的概念，而非集合概念是反映非集合体的概念。

那么，我们首先要理解集合体与非集合体。集合体是指一类事物形成一个不可分割的整体，具有整体性；而非集合体是指一类事物没有形成一个不可分的整体，不具有整体性。两者的区别在于：一个集合体具有的属性，必定不为组成这个集合体的每一个分子所具有；一个非集合体所具有的属性必定为组成该类的任一分子所具有。请看下例：

（1）人的认识能力是无限的。

（2）人的认识能力又是有限的。

例（1）中的"人"，是由无数个人组成的一个不可分的整体，是集合体概念，因为"人的认识能力是无限的"这一属性是就人类整体而言的；例（2）中的"人"则表达非集合概念，因为就单个个人而言，由于实践范围、寿命等都是有限的，单个个人不可能穷尽对客观物质世界的认识。换言之，单个个人，作为构成"人"这个类的分子，具有类的属性，即类的属性必定为该类中的每一个分子所具有。

判别一个概念是集合概念还是非集合概念，可以运用"S 是 P"这一公式来判断。"S"表示构成集合体或类的分子，"P"表示集合体或类。凡是能够适用这一公式的概念就是非集合概念，反之，就是集合概念。如，"中华民族"和"海岛"。我们知道"中华民族"是由我国 56 个民族所组成的一个集合体，我们不能说"朝鲜族是中华民族"，只能说"朝鲜族是中华民族这个大家庭中的一个民族"，因此，"中华民族"是集合概念。然而对于"海岛"而言，我们可以说，"台湾是一个海岛"，其能适用"S 是 P"这一公式，因此"海岛"表达非集合概念。

三、实体概念和属性概念

根据概念所反映的是对象本身还是对象的某种属性，我们可以将概念分为实体概念和属性概念。

实体概念是反映具体对象本身的概念，它的外延是一个或一类具体对象。如"中国""金属""大学生"等。实体概念一般由具体名词来表示。

属性概念是反映对象某种属性的概念。如"伟大""光荣""正确""能导电"

等。属性概念一般由抽象名词、形容词来表示。

四、肯定概念和否定概念

根据概念所反映的对象具有或不具有某些属性，我们可以将概念分为肯定概念和否定概念。

肯定概念又称正概念，是反映对象具有某些属性的概念。如，"可知论""正义战争""有性生殖""生产部门"等。

否定概念又称负概念，是反映对象不具有某些属性的概念。如，"不可知论""非正义战争""无性生殖""非生产部门"等。

需要注意的是，判定一个概念是否是否定概念，必须满足两项条件。首先，该概念要含有"不""非""无"等否定词；其次，该概念中的否定词要具有否定意思，即去掉这个否定词后，所得到的必须是与原概念相对应的概念。如"无产阶级""非正义战争"，这两个概念都有否定词，符合第一项条件，但"无产阶级"这个概念中的"无"不具有否定意思，去掉"无"，"产阶级"就不是一个完整的与原概念相对应的概念，因此它不是否定概念。而"非正义战争"这个概念去掉"非"这个否定词，得到的是与原概念相对应的概念"正义战争"，因此它是一个否定概念。

此外，否定概念有一个特点，即它的外延随论域的变化而变化。一个否定概念总是相对于某个特定范围而言的，逻辑学将这个特定范围称为论域。一个否定概念的论域一般指这个否定概念和与之对应的肯定概念共同的邻近的属概念。如，"非本室工作人员"的论域是"工作人员"，"非农业人口"的论域是"人口"等。但是，在不同语境下，同一个否定概念的论域是不同的。例如，"非大学生"的论域是"学生"，但是，在大学生运动会上，报名资格规定"非大学生不得报名参加"，其论域就不是"学生"而是"人"了。

第三节　概念间的关系

客观事物之间存在着各种各样的关系，反映对象的概念之间也存在着各种各样的关系。全面考察概念间的关系不是逻辑学的任务，逻辑学只是从概念的外延方面来探究概念间的关系。普通逻辑学可以用图解的方法表达概念的外延，这种图解方法是数学家欧拉提出的，故称为欧拉图解。根据概念的外延有无重合情况，我们可以将概念间的关系分为相容关系和不相容关系两大类。

一、相容关系

相容关系是指两个概念的外延至少有部分重合的关系。换言之，具有相容关系的概念叫作相容概念。根据两个概念外延重合情况的不同，相容关系又可分为同一关系、属种关系和交叉关系三种。

1.同一关系（全同关系）

同一关系是指两个概念的外延完全重合的关系。具有同一关系的两个不同的概念，叫作同一概念。如果用"S"和"P"表示两个不同的概念，用圆圈表示这两个概念的外延，则同一关系可用欧拉图如图2-1所表示。如"北京"与"中华人民共和国的首都"就是具有同一关系的两个概念。

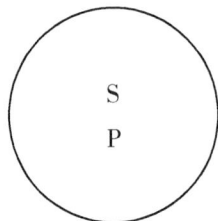

图2-1　同一关系

具有同一关系的概念的逻辑特征是：两个概念的外延完全相同，但内涵不尽一致。这是因为任何一个客观事物都具有多方面的属性，我们可以从不同的方面、不同的角度来认识和把握其不同的属性。如，"鲁迅"（S）与《呐喊》的作者"（P），其中，S、P两个概念具同一关系，它们的外延完全重合，然而内涵却不尽一致，"鲁迅"是作者的笔名，《呐喊》的作者"反映的是作者写了哪一本书。掌握同一关系，不仅有助于概念明确，而且会使表达更为生动。

2.属种关系

属种关系是指一个概念的部分外延与另一个概念的全部外延完全重合的关系。具有属种关系的两个概念叫属种概念。在属种概念中，外延大的概念是属概念（简称"属"），外延小的概念是种概念（简称"种"）。如，"历史"与"中国历史"、"政府"与"地方政府"，在这两组概念中，前者是属概念，后者是种概念。

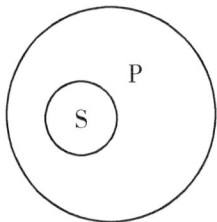

图2-2　属种关系

属种关系有以下几个方面的情况需要注意：

第一，属种概念之间可以分为真包含关系和真包含于关系。属对种是真包含关系，种对属是真包含于关系，如欧拉图图2-2中，"P"表示属概念，"S"表示种概念，即P真包含S，S真包含于P。

第二，属种概念的区分是相对的。也就是说一个概念相对于比它外延更小的概念来说，它是属概念，而对于比它外延更大的概念来说，则它又是种概念。如，"历史""中国历史"与"中国近代历史"，其中，"中国历史"相对于"历史"而言，它是种概念，而相对于"中国近代历史"而言，它则是属概念。

第三，属种关系不同于整体与局部的关系，它反映的是一般与个别的关系。属种关系所反映的对象具有共同的属性，可以互相说明，即属概念可以说明种概念的一般性质，种概念可以说明属概念的适用范围。整体与部分的关系不是属种关系，一般没有共同的属性，不能相互说明。判断两个概念是否是属种关系，可以借助"S是P"这一公式。凡是能够适用于这个公式的，就是属种关系，否则，就不是属种关系。如，"南昌大学"和"南昌大学法学院"，我们不能说"南昌大学法学院是南昌大学"，因此这两个概念不具有属种关系。

3. 交叉关系

交叉关系是指两个概念之间的部分外延重合的关系。具有交叉关系的概念叫交叉概念。如，"先进工作者"与"教师"、"演员"与"歌星"等。如果以"S"和"P"分别表示具有交叉关系的两个概念，S与P的这种交叉关系可用欧拉图如图2-3所示。

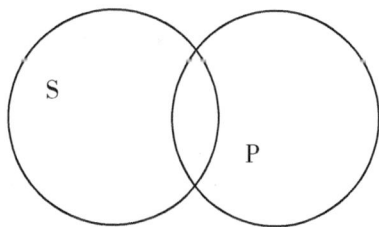

图2-3　交叉关系

二、不相容关系

不相容关系是指两个概念的外延完全不重合的关系。根据概念之间外延不重合情况的不同，概念间的不相容关系可分为矛盾关系和反对关系。

1. 矛盾关系

两个概念的外延完全不同，但两个概念外延等于它们的邻近属概念的外延，这样两个概念之间的关系叫作矛盾关系，具有矛盾关系的概念叫作矛盾概念。如，"有

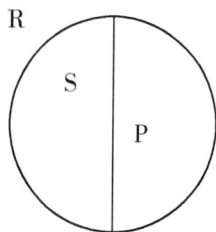

图2-4　矛盾关系

性生殖"与"无性生殖"、"金属元素"与"非金属元素"、"工作人员"与"非工作人员"等。这三组概念都是具有矛盾关系的概念。如果用"S"和"P"分别表示两个具有矛盾关系的概念,用"R"表示属概念,则矛盾关系可用欧拉图如图 2-4 所示。

2.反对关系

两个概念的外延完全不同,但两个概念外延之和小于邻近属概念的外延,这样两个概念之间的关系叫作反对关系,具有反对关系的概念叫作反对概念。如,"大学生"与"小学生"、"教授"与"助理教授"、"工人"与"农民"等。这三组概念都是具有反对关系的概念。如果用"S"和"P"表示两个具有反对关系的概念,用"R"表示属概念,则反对关系可用欧拉图如图 2-5 所示。

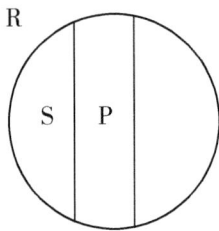

图 2-5　反对关系

第四节　概念的概括与限制

一、概念内涵与外延之间的反变关系

概念的内涵有多少之分,外延有大小之别。在属种关系的两个概念中,其内涵与外延之间具有反变关系。即在同一系列的概念中,一个概念的内涵越多,则其外延越小;一个概念的内涵越少,则其外延就越大。例如"学生"和"大学生"这两个概念的内涵与外延之间就具有这种反变关系。"学生"的外延要比"大学生"的外延大,"学生"的外延不仅包括"大学生",还包括"中学生""小学生"等;但"大学生"的内涵则比"学生"的内涵多,它多了一个"大学"的属性。如果我们进一步考察"学生""大学生"和"中国大学生"这样三个具有属种关系的概念,那么,概念间的内涵与外延之间的反变关系就更为明显。由"学生"到"大学生",再到"中国大学生",其外延逐步缩小,其内涵则逐渐增多。反过来,由"中国大学生"到"大学生"再到"学生",其外延逐渐扩大,其内涵则逐渐减少。

这里要注意的是,内涵与外延之间的这种反变关系只存在于属种关系和种属关系之中，属概念与种概念之间的内涵与外延的反变关系，是对概念进行概括和限制的逻辑依据。

二、概念的概括

概念的概括是指通过减少概念的内涵以扩大概念外延来明确概念的一种逻辑方法。通过概念的概括可以使种概念过渡到它的属概念。如，将"中国高等学府"这个概念，减去"中国"这个内涵，种概念"中国高等学府"就过渡到属概念"高等学府"。这一过程就是概括。

概括可以连续进行，尤其是对于外延较小的概念而言，可以连续概括至满足我们思维的实际需要为止。如对"中国高等学府"这一概念，可以连续概括为：中国高等学府——高等学府——学校。当然对于任何一个概念来说，对其概括总是有限度的。究竟概括到什么程度，这就要看实践的需要。这里要特别注意的是，一个概念如果概括到范畴，一般也就不能再进行概括了。因为范畴是一定领域的最高属概念，其外延最大，是概括的极限。

概括适用于指出事物的所属范围,反映事物的共同本质。但需要注意的是，对概念进行概括必须在属种关系中进行，如果对不具有属种关系的概念进行概括，必然导致**"概括不当"**的错误。

三、概念的限制

概念的限制是指通过增加概念的内涵以缩小概念的外延来明确概念的一种逻辑方法。通过概念的限制可以使属概念过渡到种概念。例如，给"国家"这个概念增加"社会主义"的内涵，其外延就由各种国家缩小为"社会主义国家"。属概念"国家"就过渡到种概念"社会主义国家"。

限制也可以连续进行，如上例中的"国家"，可以连续限制为：国家——社会主义国家——中国。

需要注意的是，对一个外延较大的概念可以进行连续限制，但到了单独概念就不能再进行限制了。因为单独概念的外延只有一个特定的对象，这是概念限制的极限。如，在"中国"前加上"社会主义"这一属性，"中国"这一概念的适用范围并没有发生变化，只是强调指出"中国"具有"社会主义国家"这一属性。因此，"中国"是一个单独概念，已无法再进行限制。

限制适用于明确概念所指对象，尤其是对于外延过宽的概念。但需要注意的是，对概念进行概括限制必须在属种关系中进行，如果对不是属种关系的概念进行概括，必然导致**"限制不当"**的错误。

第五节　定义

一、什么是定义

定义是揭示概念内涵的逻辑方法。它的特点是用简洁的语句揭示概念所反映对象的特有属性或本质属性。例如，"人是能制造和使用工具进行生产劳动的动物"，该定义揭示了"人"所具有的"能制造和使用工具进行生产劳动"这一特有属性。

从逻辑结构上看，定义由被定义项、定义项以及定义联项三部分组成。被定义项，是被揭示内涵的概念，如"人"；定义项，是用来揭示被定义项内涵的概念。如，"能制造和使用工具进行生产劳动的动物"；定义联项，是用来联结被定义项和定义联项的概念。如，"是"。在汉语中，定义常用"……就是……""……是……""所谓……即……"等来表示。

二、定义的方法

定义的任务就是要揭示概念的内涵，那么，如何用简短的语句揭示被定义项的本质属性或特有属性，则为定义的关键。这里，我们介绍两种常用的定义方法：属加种差定义法和语词定义法。

1.属加种差定义法

属加种差定义法，就是由属概念与种差组成定义项的一种下定义方法，其形式为：被定义项＝种差＋邻近的属概念。

其中，种差是指被定义项与其他同级的种概念之间的差别。如，被定义项"人"这一概念所指称的对象与其他动物之间的不同，则在于"人能制造并使用劳动工具"。邻近的属概念则是指相较于被定义项较为相邻且外延较大的概念。值得注意的是，这里的"邻近"是相对的，在下定义时，到底以哪一个外延较大的概念作为属概念，不能一味机械地选择最"邻近"的属概念，关键要取决于定义的具体要求。如，被定义项"人"这个概念的属概念由近及远，依次是：灵长目动物、哺乳动物、脊椎动物、动物、生物、物质等。之所以选择"动物"作为"人"这一概念的邻近属概念，是因为这个定义所要求的是把人与动物区别开来。

属加种差定义法，一般分为三个步骤进行。首先，找出被定义项的邻近属概念，即确定被定义项所反映的对象是属于哪一类对象，如"人"属于"动物"这一类对象；其次，找出种差，也就是找出"人"同其他同级种概念之间的差别，如人可以制造并使用劳动工具，即"制造并使用劳动工具"；再次，用定义联项"是"将被定义项和定义项联结起来，从而得到一个完整的定义："人是能制造并使用劳动工具的动物。"

在"属加种差"定义中，按照种差内容的不同，可分为性质定义、发生定义、关系定义和功用定义等。

性质定义是指以事物的性质为种差的定义。如，"人是能制造并使用劳动工具的（种差）动物（属）"。

发生定义是指以形成或获得事物的方式、方法为种差的定义。如，"圆是平面上一个动点绕一个定点保持一定距离旋转而形成的一条封闭的（种差）曲线（属）"。

关系定义是指以被定义项所反映的对象与其他对象之间的关系作为种差的定义。如，"伯父是指与父亲辈分相同而年纪较大的（种差）男子（属）"。

功用定义是指以被定义项所反映的对象的功能作为种差的定义。如，"体温计是用来测量人体温度的（种差）仪器（属）"。

2. 语词定义法

语词定义法是对语词的意义加以解释的定义方法，其任务不在于揭示概念的内涵，而是说明一个语词表达什么概念或表示什么事物。语词定义是明确概念的辅助方法，主要包括规定语词定义和说明语词定义两种。

（1）规定语词定义

所谓规定语词定义，是对某一语词规定一个新的意义的定义。如，"四个自信"是指"中国特色社会主义道路自信、理论自信、制度自信、文化自信"；"两个维护"是指"坚决维护习近平总书记党中央的核心、全党的核心地位，坚决维护以习近平同志为核心的党中央权威和集中统一领导"。这两个定义都是规定语词定义。其中被定义项是一个经过压缩的语词，定义项指出这个语词被规定的含义。

（2）说明语词定义

所谓说明语词定义，是对某个语词已确定的含义加以说明的定义。如，"捏"是"用拇指和别的手指夹的动作"；"驹"是指"小马"；"丹方"同"单方"，是指"民间流传的药方"。这三个定义都是说明语词定义。被定义项是一个语词，定义项对语词作出说明性解释。

三、定义的规则

定义的规则是人们在长期的思维活动中，通过对无数正确和错误的定义的分析，总结出来的若干规定。遵守这些规定，是保证真实定义正确揭示概念内涵的必要条件。定义的规则有以下四条：

1. 定义必须相称，即定义项外延要与被定义项外延完全相同

只有定义项外延与被定义项外延完全相同，定义项才有可能揭示出被定义项的内涵。如果二者不完全相同，则存在以下两种情况：一是定义项的外延大于被定义项的外延，这就犯了**"定义过宽"**的逻辑错误。如，"正方形是四边相等的图形"，四边相等的图形除了"正方形"外，还有"菱形"，此时定义项的外延大于被定义项的外延，故这一定义犯了"定义过宽"的逻辑错误。二是定义项的外延小于被定义项的外延，这就犯了**"定义过窄"**的逻辑错误。如，"管理是在特定的环境下，对组织所拥有的资源进行有效的计划与组织，以便达成既定的组织目标的过程"，这一定义就犯了"定义过窄"的逻辑错误。管理过程除包括"计划与组织"外，还包括决策、领导与控制等环节，因此定义项的外延大于被定义项的外延，从而对"管理"这一概念的定义界定过窄。

2. 定义应当明确，一般不能用比喻

定义要揭示被定义项的内涵，表述定义项的语词要清楚、明确，不能含混不清。如果违反这一条规则，就会犯**"定义含糊"**或**"比喻定义"**的逻辑错误。如，"生命是通过塑造出来的模式化而进行的新陈代谢"，在这个定义中"塑造出来的模式化"就是一个模糊语词，无法达到真正揭示被定义项内涵的目的，使人

不知道这一定义究竟在说明什么。

同时，定义项也不能用比喻。如，"儿童是祖国的花朵""建筑是凝固的音乐"，这两个例子都是很好的比喻，但是把它们作为定义，则不能揭示"儿童"与"建筑"的真正内涵。

3. 定义项不能直接或间接包含被定义项

被定义项的内涵是依赖于定义项来明确的，如果定义项中直接或间接地包含了被定义项，那就等于被定义项自己直接或间接地说明自己，这样就无法达到定义的目的。

如果定义项直接包含了被定义项，就要犯**"同语反复"**的逻辑错误。如，"补偿贸易就是补偿性贸易"，这个定义的定义项中直接包含了被定义项，犯了"同语反复"的错误。

如果定义项间接地包含了被定义项，就要犯**"循环定义"**的逻辑错误。如，"偶数就是奇数加一"，这个定义的定义项间接地包含了被定义项，在"偶数"这一定义中包含了"奇数"这一概念。那么，什么是"奇数"呢？它又需要用"偶数"来说明。因此，该定义犯了"循环定义"的错误。

4. 定义一般应肯定

给概念下定义的目的是要揭示概念的本质属性，如果在定义中用否定概念或用否定联项下定义，只能说明被定义概念不具有某种属性，而不能说明被定义概念的本质属性。违反这一条规则就要犯**"定义否定"**的逻辑错误。如，"商品不是供生产者自己消费的劳动产品"。这一定义虽然说明了被定义项"商品"不具有什么属性，但没有从正面揭示其具有的本质属性，因此，犯了"定义否定"的逻辑错误。

我们说定义一般要肯定，这个"一般"就是指在给肯定概念下定义时不得用否定，但在给否定概念下定义时则是"特殊"。如，"无机物一般是指不含碳的化合物"，这一定义是用否定形式给否定概念下定义，它揭示了否定概念的本质属性，是正确的。

上述定义的规则对于正确下定义是非常必要的，违反其中任何一条都不能正确地下定义。当然，对一个概念下定义，仅掌握这几条规则是远远不够的，它还要求我们掌握相关概念所在学科领域的科学知识。也就是说，遵循下定义的这些规则是揭示一个概念本质属性的前提条件，而掌握相关的科学知识是把握概念本质属性的基础。

第六节　划分

一、什么是划分

1. 划分及其逻辑结构

划分是根据一定的标准，把一个概念所反映的对象分为若干个小类，即把一个属概念分为若干个种概念，以明确概念外延的逻辑方法。如，"物体根据导电性能分为导体、半导体和绝缘体"。

划分由三个要素组成，即划分的母项、划分的子项、划分的标准。划分的母项，就是被划分的属概念，如"物体"；划分的子项，就是被划分后的种概念，如"导体、半导体和绝缘体"；划分的标准，就是指对划分母项进行划分时所依据的标准，如"导电性能"。在划分中，究竟以什么作为其标准，主要取决于实际的需要。

2. 划分与分类

分类是以被划分概念所反映对象的本质属性，或就某一科学领域来说的某些重要特征为根据进行的划分，具有较大的稳定性。因此，分类是划分的一种特殊形式。首先，分类的标准高于划分。分类要求以对象的本质属性或显著特征作为依据；而划分仅以对象的一般属性作为依据。其次，分类是关于某类对象的知识的系统化，它被固定在每门科学之中，并在科学的发展中长期起作用，具有较大的稳定性。如门捷列夫元素周期表，作为对化学元素的分类，在科学发展史上长期发挥作用。而划分是由日常生活实践的需要决定的，当某一实践过程结束，这种划分也就失去了意义。

3. 划分与分解

分解是把概念所反映的对象由整体分为部分。如，"工厂可以分为动力车间、生产车间、机修车间等"，这就是分解，"工厂"与"动力车间""生产车间"以及"机修车间"等，是整体与部分的关系。划分则是把一个属概念分为若干个种概念，如，"工厂可以分为大型厂、中型厂、小型厂"，这就是划分。划分是将属概念分为种概念，划分前的概念与划分后所得到的概念是一般与特殊的关系。因此，分解不是划分。

二、划分的方法

划分的方法有一次划分、连续划分和二分法。

一次划分是根据划分标准对母项一次划分完毕。这种划分只有母项和子项两个层次。如"物体根据导电性能分为导体、半导体和绝缘体"就是一次划分。

连续划分是把母项划分为若干子项以后，将子项作为母项继续进行划分，这样连续划分下去，直到满足实际需要为止。如，"小说可以分为长篇小说、中篇小说和短篇小说"，"长篇小说又可以分为中国长篇小说和外国长篇小说"，这一过程则是连续划分。

二分法是以对象有无某种属性作为划分标准，把一个属概念分为两个相互矛盾的种概念的方法。如，"考试成绩分为及格和不及格"，这一过程就运用了二分法。二分法也可以有一次划分和连续划分。如，"高等院校可以分为重点高等院校和非重点高等院校"，"重点高等院校又可以分为名牌重点高等院校和非名牌重点高等院校"。这一过程则是在二分法基础上了使用了连续划分方法。

三、划分的规则

划分的规则主要有以下四条：

1. 划分必须相称

所谓划分必须相称，是指划分后的子项外延之和要等于被划分的母项外延。如果所得子项外延之和小于母项的外延，就要犯**"划分不全"**的逻辑错误。如，"生物分为动物和植物"，这个划分就漏掉了"微生物"。如果所得子项外延之和大于母项外延，就要犯**"多出子项"**的逻辑错误。如，"高校教学人员分为教授、副教授、讲师、助教和研究生"，研究生虽然也会承担教学任务，但他们是学生，不是教学人员。

注意，有些时候，子项太多，不便于或没有必要全部列出，我们可以根据实际的需要，只列出某些主要的子项，在这种情况下，可以在已列出的子项后面加上"等等""及其他"之类的字眼，表示还有其余的子项，从而使子项的外延之和同母项的外延相称。

2. 子项应相互排斥

所谓子项应相互排斥，是指划分后的各个子项之间是不相容关系。如果划分后的子项是相容的，则会造成子项外延重叠，从而不能清楚地揭示母项的外延。违反这一条规则，就会犯**"子项相容"**的逻辑错误。如，"本班同学可以分为体育爱好者、文学爱好者、摄影爱好者和书法爱好者"。这个划分就犯了"子项相容"的逻辑错误。因为"体育爱好者""文学爱好者""摄影爱好者"和"书法爱好者"是可以相容的，李同学可能既爱好体育，又爱好摄影。因此，这种划分并不能明确母项的外延，容易引起混乱。

3. 标准同一

所谓标准同一，是指每次划分的标准必须相同，只能是一个标准。如果我们在划分时而采用这个标准，时而采用那个标准，划分结果就会混淆不清，就会犯**"混淆标准"**的逻辑错误。如，"小说可分为古典小说、现代小说和言情小说"，这个划分就采用了两个标准，一个是以小说的时代为标准，另一个是以小说的内容为标准。这一划分就犯了"混淆标准"的逻辑错误。

4. 划分不能越级

所谓划分不能越级，是指划分不能超越对象所应有的属种关系的层次进行划分。每一次划分所得到的子项外延之和，都应当等于此次划分的母项（属概念）的外延。划分是为了达到明确概念外延的目的。越级划分，就会出现子项相容或遗漏，不能达到明确概念外延的目的。违反这条规则所犯的逻辑错误叫作**"越级划分"**。如，"我国刑罚包括主刑和罚金、剥夺政治权利、没收财产，以及驱逐出境"。这个划分就是"越级划分"。我国刑罚的正确划分是："我国的刑罚分为主刑、附加刑和驱逐出境；主刑又可分为管制、拘役、有期徒刑、无期徒刑和死刑；附加刑可分为罚金、剥夺政治权利、没收财产。"这样就能使人对我国刑罚这一概念的外延有一个清楚而明确的了解。

划分是明确概念外延的一种方式。正确使用划分，可以帮助我们在教学、科研、调查、统计中正确理解和运用概念。当然，划分要根据具体情况和实践的需要进行，不能简单化。一些过渡形态的事物，很难划归哪一类，只有从实际出发，确定其类属，才有意义。

📖 复习思考题

1.什么是概念？什么是事物的特有属性和本质属性？

2.概念与语词有何关系？

3.什么是概念的内涵和外延？二者有何关系？

4.概念有哪些种类？如何区分集合概念和非集合概念？

5.举例说明概念内涵与外延之间有哪些关系。

6.什么是概念的概括与限制？

7.什么是定义？定义的规则有哪些？

8.什么是划分？划分有哪些规则？

📖 思维训练题

一、下列各段文字中括号内的语词或语句是从内涵方面，还是从外延方面来说明标有横线的概念的？

1.地方政府是（国家为了治理某一行政区域的地方事务而依法设置的，相对独立管理辖区社会事务的政府单位）。它包括（高层地方政府、中层地方政府和基层地方政府）。

2.政府体制可分为（集权式单一制、分权式单一制、集权式联邦制和分权式联邦制）等四种类型。

3.地方政府职能是指（在一定时期内，地方政府对辖区的社会发展和公民需求所承担的职责和功能）。

4.所谓领导，就是（在一定条件下，指引和影响个人或组织，实现某种目标的行为过程）。根据领导的性质，它可分为（党的领导、政府领导、专业领导、学术领导）等。

5.数理逻辑，也叫符号逻辑，它是从形式逻辑中分化出来的一门学科。数理逻辑（集中地、大量地、系统地使用符号来研究和表述逻辑）。（用数学的方法研究逻辑）是数理逻辑最主要的特征。现代数理逻辑主要有（集合论、模型论、递归论和证明论）四个分支学科。

6.诗歌，在各种文学体裁中是最先产生的。诗歌的特点是（富有音乐性，语言凝练、含蓄，讲求节奏、音韵,它专长于抒情言志）。诗歌从内容上可分为(抒情诗和叙事诗)；诗歌从形式上又可分为（格律诗和自由诗）等。

7.公共管理是（针对政府管理的缺陷而产生的一种管理理念和管理模式），其学科意义上的内容包括（政府管理、行政管理、城市管理、公共政策、发展管理、教育经济管理以及劳动社会保障等方向）。

8.扎根理论是（一种从下往上建立实质理论的方法），即（在系统性收集资料的基础上寻找反映事物现象本质的核心概念，然后通过这些概念之间的联系建构相关的社会理论）。

二、指出下列语句中画横线的概念是单独概念还是普遍概念？

1.拥有奇特绚丽的自然景观和丰富多彩的人文景观的武当山是我国著名的道教圣地。

2.中国女排是2016年奥运会的冠军。

3.零是小于正数、大于负数的数。

4.中国是社会主义国家，属于发展中国家，我们将坚定不移地同其他发展中国家站在一起。

5.中国共产党的诞生，使中国的面貌焕然一新，深刻改变了近代以后中华民族发展的方向和进程。

6.从政府线上服务，到群众指尖购物，这些创新举措统筹推进了疫情防控和经济社会发展。

三、指出下列语句中画横线的概念是集合概念还是非集合概念？

1.人民是创造历史的真正动力；在社会主义国家，人民享有广泛的民主和自由。

2.王小明是我们班的同学；我们班的同学来自五湖四海。

3.《地方政府与地方治理译丛》是北京大学出版社出版的一套介绍外国地方政府研究成果的丛书。

4.据国际乒联发布消息：中国队选手刘诗雯因肘伤复发，退出2020东京奥运会乒乓球女子团体赛事。

5.一方有难，<u>八方</u>支援。在郑州突发暴雨后，临近的几个省份连夜派出<u>救援队伍</u>，带上救援物资赶往郑州。

6.为当地居民提供公共政策、公共服务、公共产品是<u>地方政府</u>的职责所在。

四、用欧拉图表示下列概念间的关系。

1.A.中共党员　　　B.党员干部　　　C.高级干部

2.A.概念　　　　　B.普遍概念　　　C.肯定概念

3.A.泰山　　　　　B.山东　　　　　C.中国　　　　D.联合国

4.A.思维形式　　　B.概念　　　　　C.命题　　　　D.推理

5.A.画家　　　　　B.诗人　　　　　C.艺术家　　　D.人

五、如果可能，对下列概念各作一次概括和限制。

1.资本主义国家

2.经典著作

3.数学

4.日光灯

5.德尔塔病毒

6.奥林匹克运动会

六、下列语句作为定义是否正确？为什么？

1.期刊就是每周或每月定期出版的出版物。

2.生产关系就是人与人之间的社会关系。

3.企业就是从事现代化生产的市场经济主体。

4."理性"就是人区别于动物的高级神经活动；而"高级神经活动"就是人的理性。

5.行政管理学就是研究社会组织行政管理活动的科学。

6.正方形就是四角相等的四边形。

7.句子是表达一定意义的语言单位。

8.健康就是没有疾病。

七、下列语句作为划分是否正确？为什么？

1.一年可分春、夏、秋、冬四季。

2.某小区的居民可分为汉族、少数民族、工人、农民工和知识分子。

3.句子可分为主语、谓语、定语、状语、宾语、补语等部分。

4.初级中学分为一年级、二年级、三年级。

5.生物可分为动物、植物和微生物。

6.校外培训机构，包括线上机构和线下机构，不得占用任何课余时间组织学科类培训，包括国家法定节假日和寒暑假期。

7.市场可分为国际市场、国内市场和农村市场。

8.2021年东京奥运会乒乓球比赛项目设置与以往略有不同，一共分为男子单打、女子单打、男子团体和女子团体四项。

📖 巩固与拓展

一、单项选择题

1."森林占地球面积在逐步减少"和"森林是人类的宝贵资源"这两个命题中的"森林"（   ）

A.都是集合概念

B.都是非集合概念

C.前者是集合概念，后者是非集合概念

D.前者是非集合概念，后者是集合概念

2."人民是真正推动历史发展的动力"和"人民都要遵守国家的法律"这两个命题中的"人民"（   ）

A.都是集合概念

B.都是非集合概念

C.前者是集合概念，后者是非集合概念

D.前者是非集合概念，后者是集合概念

3.与"松树：树"作类比，下面不正确的是（   ）

A.红色：颜色　　　　　　　　B.深圳：经济特区

C.南昌：省会城市　　　　　　D.中国：亚洲

4.与"工作：休闲：旅游"作类比，下面正确的是（　　　）

A.消费：节约：省电　　　　　B.健康：生病：治疗

C.下岗：就业：培训　　　　　D.污染：环保：绿化

5.下列对概念的概括和限制，正确的是（　　　）

A."武夷山脉"限制为"武夷山"　B."动物"限制为"生物"

C."岛"概括为"群岛"　　　　　D."地球"概括为"星球"

6.下列对概念的划分，正确的是（　　　）

A.词语划分为实词、助词、叹词　B.眼镜划分为镜框和镜片

C.地球划分为南半球与北半球　　D.学生划分为男生和女生

7.与定义"底线伦理就是不偷盗不抢劫"所犯逻辑错误最接近的是（　　　）

A.补偿贸易就是补偿性贸易

B.商品是用来交换的劳动产品

C.书籍是人类进步的阶梯

D.非婚生子女不是有婚姻关系的男女所生的子女

8.平反是对处理错误的案件进行纠正。以下哪项最为确切地说明了上述定义的不严格？（　　　）

A.对案件是否处理错误，应该有明确的标准

B.对原来重罪轻判的案件进行纠正不应该称为平反

C.应该说明平反的主体及其权威性

D.对平反的客体应该具体分析。平反了，不等于没有错误

9.过去我们在道德宣传上有很多不切实际的高调，以至于不少人口头上说一套，背后做一套，发生人格分裂现象。通过对此种现象的思考，有专家指出，我们只应该要求普通人遵守"底线伦理"。以下哪项作为"底线伦理"的定义最为合适？（　　　）

A.底线伦理就是不偷不抢，不杀人

B.底线伦理是作为一个社会普通人所应当遵守的一套最起码、最基本的行为规范和准则

C.底线伦理不是要求普通人无私奉献的伦理

D.如果把人的道德比作一座大厦，底线伦理就是该大厦的基础部分

10.出席学术讨论会的有3人是足球爱好者，4个亚洲人，2个日本人，5个商人。以上叙述涉及所有出席学术讨论会人员，其中日本人不经商，那么，出席学术讨论会的人数是（　　　）

A.最多14人，最少5人　　　　B.最多14人，最少7人

C.最多12人，最少7人　　　　D.最多12人，最少5人

11.在某校新当选的校学生会七名委员中，有一人是大连人，两个北方人，一个福州人，两个特长生，三个贫困生。假设上述介绍涉及了该学生会中的所有委员，则以下各项关于该学生会委员的断定都与题干不矛盾，除了（　　　）

A.两个特长生都是贫困生　　　　B.贫困生不都是南方人

C.特长生都是南方人　　　　　　D.大连人是特长生

12.矩阵对策是指处于利益竞争的两个关系主体，各自可选的策略有限，且在一局对策中双方得失和为零的现象，即要不成功、要不失败。对策中，一方真正成功的措施应该是，针对对方所采取的行动相应地制定有利于自己的应对策略，各方选择的策略必定是自己对对方策略预测的最佳反应。根据上述定义，下列属于矩阵对策的是（　　　）

A.在进入奥运女子排球决赛后，某国家队重新安排队员阵容和出场顺序

B.齐王和田忌按原条件重新赛马，并约定每局比赛须用同等级的马参赛

C.劳资双方进行薪资谈判，经过反复的讨价还价，最终双方都作出让步

D.丈夫要去踢球，妻子要去看电影，儿子要去游乐园，最后三人去郊游

13.在中国出生的正常婴儿在3个月大时平均身长为54—69 cm。因此，如果一个3个月大的婴儿身长只有52 cm，那么他的身长增长低于中国平均水平。以下哪一项指出了上述推理中的一处缺陷？（　　　）

A.身长只是正常婴儿成长的一项指标

B.一些3个月大的婴儿身长有58 cm

C.一个正常的婴儿出生时身长达到52 cm是有可能的

D.平均身长增长同平均身长并不相同

14.有些具有优良效果的护肤品是品诺公司生产的。所有品诺公司护肤品

都价格昂贵，而价格昂贵的护肤品无一例外受到女士们的信任。以下各项都能从题干断定中推出，除了（　　）

　　A.受到女士信任的护肤品中，有些实际效果并不优良

　　B.有些效果优良的化妆品受到女士们的信任

　　C.所有品诺公司生产的护肤品都受到女士们的信任

　　D.有些价格昂贵的护肤化妆品是效果优良的

15.代理是代理人依据被代理人的委托，或根据法律规定、人民法院或有关单位的指定，以被代理人的名义，在代理权限内所实施的民事法律行为。这种行为所产生的法律后果由被代理人承担。根据上述定义，下列情况不属于代理行为的是（　　）

　　A.张某与王某本是邻居，后因发生民事纠纷而对簿公堂。考虑到自己对法律常识不太了解，王某请了一位律师，请他全权代表自己出庭打这场官司。王某最终打赢了这场官司

　　B.六年级的小学生小明在与邻居小新玩耍过程中将其打伤，小新父母花去3000余元治疗费，并多次找小明父母商议解决无果后，遂将小明父母起诉至县人民法院，要求予以赔偿

　　C.某无业人员以大学分校招生为名，骗取大量学费，然后他卷起皮包逃跑了

　　D.王某因工作原因经常往返于广州、上海。章某闻悉广州录像机价格低于上海，遂委托王某代购一台录像机，并交付王某2600元人民币。数日后，章某发现王某代购的录像机性能异常，且内部零件锈迹斑斑，在与王某交涉无果后，起诉要求被告退回录像机价款人民币2270元

二、综合分析题

1.传说，苏东坡有一次到某寺庙游览，寺庙的老和尚不认识他，又见他衣着简朴，以为是个一般的游士，便很怠慢地随口说了一声："坐！"苏东坡坐下后，老和尚就按惯例向小和尚挥了挥手，说了一声："茶！"苏东坡接茶在手，开始与老和尚谈论这座寺庙的历史，评论寺庙中的文物古迹。老和尚见他谈吐不凡，感到他是一个有学问的人，于是请他进厢房去叙谈。进到厢房，老和尚改变刚才的怠慢口气说："请坐！"并叫小和尚："敬茶！"接着就请教

姓名。当他知道来者是赫赫有名的苏东坡学士时，惊得"啊"了一声，连忙起身请苏东坡到客厅里。一进客厅，老和尚抢先上前用衣袖拂了拂太师椅，毕恭毕敬地对苏东坡说："请上坐！"接着，直起脖子高呼小和尚："敬香茶！"两人谈了一阵，苏东坡要告辞了，老和尚恭请他题副对联。苏东坡微笑着提起笔来，全用老和尚的话写了一副对联。

上联：坐，请坐，请上坐

下联：茶，敬茶，敬香茶

老和尚看到这副对联，满脸羞愧。

这则小故事反映了什么逻辑知识？

2. 前不久，有客人来杭旅游。主人对客人介绍说："杭州的最大特色是秀气。山秀水秀人亦秀。"客人反驳道："那不见得，我看有些杭州人并不秀。"

你认为客人的反驳能成立吗？请说明理由。

3.《白马论》中有下面一段经典对话。

客曰："白马非马，可乎？"

主曰："可。"

客曰："何哉？"

主曰："马者，所以命形也；白者，所以命色也。命色者非命形也。故曰：'白马非马'。"

客曰："有白马，不可谓无马也。不可谓无马者，非马也？有白马为有马，白之非马，何也？"

主曰："求马，黄、黑马皆可致；求白马，黄、黑马不可致。使白马乃马也，是所求一也。所求一者，白者不异马也。所求不异，如黄、黑马有可有不可，何也？可与不可，其相非，明。故黄、黑马一也，而可以应有马，而不可以应有白马，是白马之非马，审矣！"

客曰："以马之有色为非马，天下非有无色之马也。天下无马，可乎？"

主曰："马固有色，故有白马。使马无色，有马如已耳，安取白马？故白者非马也。白马者，马与白也，白与马也。故曰白马非马也。"

根据上述对话，请从概念特征的角度分析《白马论》的逻辑意旨。

第三章　简单命题及其推理

学习提示

命题与推理存在着固有的逻辑联系。命题是构成推理的要素，推理是依据命题的逻辑特性进行推演的。本章介绍简单命题中的直言命题，以及以直言命题为基础的推理形式。本章内容是今后较为复杂的推理的基础。本章需要重点把握的几个问题：直言命题的四种类型 A、E、I、O；直言命题主项和谓项的周延性；同素材直言命题的真假关系；直言命题的命题变形推理；直言三段论的构成、规则以及格与式等。

第一节　命题与推理概述

一、命题及其分类

1. 什么是命题

命题是对思维对象的性质、关系、状态有所断定的思维形式。例如：

（1）企业是市场经济的主体。

（2）司马迁与司马光不是同朝代人。

（3）中国的现代化必然取得成功。

例（1）断定了"企业"具有"市场经济的主体"的属性；例（2）断定了"司马迁与司马光"不具有"同朝代"的关系；例（3）断定了"中国的现代化"具有"取得成功"的必然状态。

命题具有两个基本特征：

第一，任何命题都是对思维对象的有所断定。断定包括有所肯定和有所否定两种。如例（1）断定"企业"具有"市场经济的主体"的性质；例（2）断定"司马迁与司马光"不具有"同朝代"的关系。没有对对象的断定，即不肯定也不否定，就不是命题。如，"什么是虚拟货币？"这句话既没有对"虚拟货币"有所肯定，也没有对"虚拟货币"有所否定，因此不是命题。

第二，命题都有真假。如果命题符合对象的客观实际，就是一个真实命题。如，"运动是物质的固有属性"，这是一个符合实际情况的判断，是真实命题。如果命题不符合客观实际情况，那么，它就是一个虚假命题。如，"人的正确思想是头脑中固有的"，这是一个不符合客观实际的判断，因而是一个虚假命题。

综上所述，有所断定和有真假，是命题的两个基本特征。逻辑学作为研究思维形式的一门科学，它并不研究命题具体内容的真假，而只研究命题在形式上的真假特征与关系。例如，"所有的 S 都是 S"这个形式的命题是真的，"所有的 S 不是 S"这个形式的命题就是假的；"所有的 S 都不是 M"这个形式的命题有真有假。又如，若"所有的 S 都是 P"这个形式的命题是真的，那么，"有的 S 不是 P"这个形式的命题就是假的，这就是命题间在形式上的真假关系。

命题在人们的认识和思维活动过程中有着重要作用。认识事物是在实践基础上对事物的种种情况作出正确的判断。离开了命题，就不会有对事物的断定，也就谈不上对事物的认识。同时，命题作为一种思维形式，它是组成推理的基本要素。正确地认识和运用各种命题形式，是正确地认识和运用推理形式的必要条件。

2. 命题的分类

依据不同的标准，命题及其形式可以分为不同的类型：

依据命题中是否含有模态词这一标准，我们将命题分为非模态命题和模态命题两大类。

对于非模态命题，我们可依据其是否包含有其他命题这一标准，将其分为简单命题和复合命题。简单命题可依据其断定的是对象性质还是对象间关系，分为直言命题（性质命题）和关系命题。复合命题可依据其所含逻辑联项的不同而分为联言命题、选言命题、假言命题、负命题、多重复合命题等。

对于模态命题，我们依据其断定的是事物的必然性还是可能性这一标准，将其分为必然模态命题和可能模态命题。命题的分类详见图 3-1：

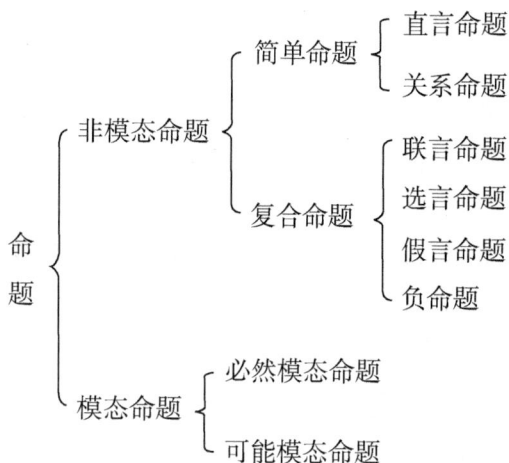

图 3-1 命题的分类

二、命题与语句

与概念和语词一样，命题和语句之间也有着一定的联系与区别。

1.命题与语句间的联系

从命题与语句的联系来看，任何命题都要用语句来表达。命题作为一种思维形式，是不能离开语句而独立存在的。可以说，语句是命题的物质外壳、语言表达形式；而命题则是语句所表达的思想内容。

2.命题与语句间的区别

第一，二者所属的范畴和学科不同。命题作为思维形式，是精神形态的东西，是逻辑学的研究对象；语句作为语言形式，是物质形态的东西，是语言学的研究对象。

第二，并非一切语句都表达命题。在汉语中，一般而言，陈述句、反问句表达命题，而疑问句、感叹句、祈使句不表达命题。如"哪些产业是高新技术产业呢？"，该语句只有疑问，而未对事物情况作出断定；又如"大海啊！大海"，这一语句抒发了对大海的一种情感，但未对大海作出断定，故不直接表达命题，但"祖国啊，我的母亲！"，这一语句在表达了对祖国的强烈热爱感情之余，还断定了"祖国"具有"母亲"的属性，此时则表达命题；再如"请安静！"和"年轻人，让你的青春更美丽吧！"，这两句都是祈使句，只是表达了一种诉求、命令或呼唤的感情，不表达命题。当然，我们在判断一个语句是否表达命题时，最关键的是看它是否具有命题的两个基本特征，即是否有所断定和有真假。

第三，同一命题可以用不同的语句来表达。如"一切事物都包含着矛盾"这一命题，还可以用"所有的事物都包含着矛盾""难道有不包含矛盾的事物吗？""哪有不包含矛盾的事物！"等语句来表达。

第四，在不同的语言环境中，同一个语句可表达不同的命题。如，"他是位老师傅"，如果谈到的是从事某个工种或在某个单位工作的时间长短，这句话表达的是"他是位工作多年的师傅"；如果谈到的是年龄的大小，这句话则表达的是"他是位年长的师傅"。

三、推理及其种类

1. 什么是推理

推理是人们在长期实践基础上，将不同概念组合构成命题，又通过把握一个或几个命题间本质的、必然的联系，从而形成新的命题的过程。简言之，推理就是由一个或几个已知的命题，推出一个新的命题的思维形式。例如：

（1）所有的商品都是有使用价值的劳动产品，所以有些有使用价值的劳动产品是商品。

（2）所有的商品都是劳动产品，手机是商品，所以手机是劳动产品。

（3）金能导电，银能导电，铜能导电，铁能导电，铝能导电，金、银、铜、铁、铝都是金属，所以金属都能导电。

这些都是推理，都是由已知命题推出新的命题。我们把推理中的已知命题称之为"前提"，推出的新的命题称之为"结论"，即推理是由前提和结论两部分组成的。这里要加以说明的是，推理不是命题的任意组合，它必须由有推论关系的命题组成。也就是说，前提和结论之间必须具有推出关系。

推理作为从已知命题出发推出新的命题的一种思维形式，在人们认识世界、探寻真理过程中有着重要作用。一方面，推理是人类探求新知识和扩大知识领域的重要工具。人们在思维过程中，凭借推理，可以从已知命题推出新的命题。正是由于推理的这一特性，人们可以在科学研究和物质生产中寻求新的知识，从而使人们的认识不断得到发展。另一方面，推理是表达思想的重要工具和证明真理的辅助手段。人们在认识世界和改造世界的实践中，不仅要通过推理获得新的知识，而且有必要推理论证或说明命题是否是真实、可靠的。当然，实践是检验真理的唯一标准，但是它并不排除推理在判明真理中的重要作用。

2. 推理的种类

推理可以按不同的标准分为不同种类。

根据推理中从前提到结论的思维进程的不同，可将推理分为演绎推理、归纳推理和类比推理。演绎推理是从一般到个别的推理；归纳推理是从个别到一般的推理；类比推理是从一般（或特殊）到一般（或特殊）的推理。

根据前提中是否蕴含结论，可将推理分为必然性推理和或然性推理。必然性推理是前提蕴含结论，即前提真，结论一定真。演绎推理和完全归纳推理是必然性推理。或然性推理是前提与结论之间没有蕴含关系，即前提真，结论可能真，也可能假。不完全归纳推理、类比推理就是或然性推理。

根据前提或结论是否包含复合命题，可将推理分为简单命题推理和复合命题推理。简单命题推理是前提和结论都是简单命题的推理，它包括直言直接推理和直言间接推理以及关系推理等。复合命题推理是前提或结论都是复合命题的推理，它包括联言推理、选言推理、假言推理、负命题等值推理以及二难推理等。

本书所要介绍的推理如图 3-2 所示。

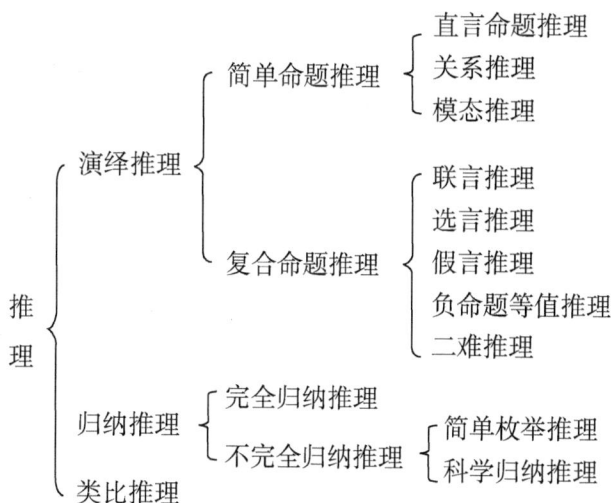

图 3-2　推理分类

四、推理的有效性

命题有真假之分，同样推理也有有效和无效之别。为了确保运用推理获得真实结论，在逻辑上必须同时满足两个条件：**前提真实和推理形式正确。**

一个推理，既反映前提与结论在内容和意义上的联系，又反映前提与结论在形式和结构上的联系。因此，推理的有效和无效也就要包括这两个方面。由于逻辑只研究思维的形式，逻辑推理的有效和无效，主要是基于形式与结构的考量。故推理的有效性也称为推理形式的有效性，形式有效的推理也称为合乎逻辑的推理。如，"所有的医生都是人，所以所有的人都是医生"，这一直接推理则形式无效。该推理的逻辑形式可表示为："SAP → PAS"，很显然，结论中对 P 项的断定超出了前提的范围（P 项在前提中不周延，在结论中却周延。关于命题主、谓项的周延性，后面会详述），因而该推理形式无效。

第二节　直言命题

一、什么是直言命题

直言命题也称为性质命题,是断定对象具有或不具有某种性质的命题。例如：

（1）所有居民都有身份认证标识。

（2）有的电影情节不是杜撰的。

（3）北京是中国的首都。

以上三个命题从语言表达方式上说，都是直接的陈述，因此称之为直言命题；从内容上说，这些命题都断定了对象具有或不具有某种性质，所以也可称为性质命题。

每个直言命题都是由主项、谓项、联项和量项四个部分所组成。在命题形式中，主项和谓项称为逻辑变项，联项和量项称为逻辑常项。

命题的主项，是表示被断定对象的概念，通常用"S"表示，如"居民""电影情节"和"北京"。

命题的谓项，是表示断定对象性质的概念，通常用"P"表示，如"有身份认证标识""杜撰""中国的首都"。

命题的联项,是表明主项与谓项联系情况的概念,一般称之为命题的"质",通常由"是"或"不是"表示。用"是"作为命题联项,称之为"肯定联项";用"不是"作为命题联项,称之为"否定联项"。在命题的语言表达中,肯定联项有时可以省略,如"所有居民都有身份认证标识"则省略了联项"是",其完整形式应为"所有居民都是有身份认证标识的"。

命题的量项,是表示命题中主项数量的概念,一般也叫作命题的"量",有全称量项、特称量项和单称量项之分。如例(1)中"所有"是全称量项、例(2)中"有的"是特称量项、例(3)中"北京"为单独概念,其数量只有一个,故为单称量项。

性质命题的主、谓、联、量四个项在逻辑结构上是不能缺省的。但是在语言表达中其中任何一个部分都有可能被省略。如,"必须努力学习科学技术",这一直言命题则将主项省略了,其完整形式应为"我们必须努力学习科学技术"。然而这种省略只是语言形式上的省略,它并不等于其逻辑结构上的缺省。

直言命题的基本逻辑结构是:**所有(有的)S 是(不是)P。**

这里要注意的是,在实践中由于我们对事物认识有一个过程,在我们对事物的认识还处于不完整的阶段时,我们只能用特称来表达。如,我知道这个班有的同学上学期考试成绩很好,但对全班每一个同学的考试成绩并没有全面考察,于是我只能说"这个班有的同学上学期考试成绩很好",而不能说"这个班所有的同学上学期考试成绩都很好"。但是,如果这个班的每一个同学上学期考试成绩都很好,我所作出的上述特称命题并不能说错误。也就是说,"有的"所能表达的只是"部分"的意思,在"有的"之外的其他部分并没有断定,也无法去断定。逻辑学中的"有的"同我们日常生活中的"有的"是有区别的。在日常生活中,习惯上把"有的"或"有些"看成是排他的。如,"我们班上有些同学是热爱体育运动的",便意味着"有些同学是不热爱体育运动的"。但在逻辑学中,并没有因为肯定其中的一部分,而否定另一部分,只是对另一部分未加断定而已。

二、直言命题的种类

根据质和量的不同,直言命题可以有以下分类:

1. 根据直言命题的质的不同,可分为肯定命题和否定命题两种肯定命题，是指断定对象具有某种属性的命题。其逻辑形式为："S 是 P"。如，"国家行政机关是国家权力机关的执行机关"。

否定命题，是指断定对象不具有某种属性的命题。其逻辑形式为："S 不是 P"。如，"马克思主义学说不是一成不变的"。

2. 根据直言命题的量的不同，可分为全称命题、特称命题和单称命题三种

全称命题是反映某类事物的全部都具有或不具有某种性质的命题。其逻辑形式为："所有 S 是（不是）P"。如，"马克思主义学说不是一成不变的"。

特称命题是反映某类事物的部分具有或不具有某种性质的命题。其逻辑形式为："有 S 是（不是）P"，如 "有的电影情节不是杜撰的"。

单称命题是反映某一特定的个别事物具有或不具有某种性质的命题。其逻辑形式为："某个 S 是（不是）P"。如，"北京是中国的首都"。

3. 根据直言命题的质和量的结合，可以分为以下六种命题（表 3–1）

表 3–1　直言命题的类型及逻辑形式

类型	逻辑形式	举例
全称肯定命题	所有 S 是 P	国家行政机关是国家权力机关的执行机关
全称否定命题	所有 S 不是 P	所有的鸟不是胎生的
特称肯定命题	有的 S 是 P	有的高等院校具有自主招生资格
特称否定命题	有的 S 不是 P	有的电影情节不是杜撰的
单称肯定命题	某个 S 是 P	北京是中国的首都
单称否定命题	某个 S 不是 P	雨果不是英国人

从逻辑性质上看，由于单称命题同全称命题一样，都是对对象的全部外延的断定，因此，单称命题被视为全称命题来处理。这样，上述六种命题就被简化为以下四种命题（表 3–2）

表 3–2　直言命题的简化类型及逻辑形式

类型	逻辑形式	简称	简写
全称肯定命题	所有 S 是 P	SAP	A
全称否定命题	所有 S 不是 P	SEP	E

续表

类型	逻辑形式	简称	简写
特称肯定命题	有的 S 是 P	SIP	I
特称否定命题	有的 S 不是 P	SOP	O

三、直言命题主、谓项的周延性

所谓直言命题主、谓项的周延性，是指直言命题中对主、谓项外延数量的断定情况。在一个直言命题中，如果对其主项或谓项的全部外延作了断定，那么该命题的主项或谓项是周延的；如果只对其部分外延作了断定，则该命题的主项或谓项是不周延的。

下面我们分别考察 A、E、I、O 四种直言命题的主、谓项的周延性。

1. 全称肯定命题：如，"人民政府的一切权力都是人民赋予的"，这是一个 A 命题，该命题断定了主项的全部外延，指的是"所有各级人民政府的所有权力"，因此，主项是周延的；而谓项只断定了其中的一部分外延，因为人民除了赋予政府权力之外，还赋予了其他国家机关的权力，所以是不周延的。

2. 全称否定命题：如，"一切事物都不是不包含矛盾的"，这是一个 E 命题，该命题断定了主项的全部外延，指的是"一切事物"，因此，主项是周延的。而且，它也断定了谓项的全部外延，指的是"不包含任何矛盾"，与主项外延相排斥。因此，谓项也是周延的。

3. 特称肯定命题：如，"有些大学生是党员"，这是一个 I 命题，该命题只是断定了主项的部分外延，指的是"有些大学生"，而不是全部大学生，因此，主项是不周延的。同时，它也只断定了谓项的部分外延，指的是党员的一部分，而不是全部。因为党员中除了大学生党员之外，还有许多非大学生党员，所以，谓项也是不周延的。

4. 特称否定命题：如"有些高等院校不是面向全国招生的"，这是一个 O 命题，该命题只是断定了主项的部分外延，指的是"有些高等院校"，而不是全部高等院校，因而，主项是不周延的。但它断定了谓项的全部外延，指的是"面向全国招生"，与主项外延相排斥，所以，谓项是周延的。

根据以上分析，我们可将 A、E、I、O 四种命题的主、谓项周延情况归纳如下：

第一，全称命题主项都周延；

第二，特称命题主项都不周延；

第三，肯定命题谓项都不周延；

第四，否定命题谓项都周延。

由此，我们可列表格来说明 A、E、I、O 命题的主、谓项的周延性（如表 3-3 所示）。

表3-3　A、E、I、O命题的主、谓项周延情况

命题的类型	主项	谓项
SAP	周延	不周延
SEP	周延	周延
SIP	不周延	不周延
SOP	不周延	周延

周延性，是一个形式意义上的概念。因此，在分析具体命题的主、谓项周延性时，不必拘泥于它们的外延在命题中的实际情况，而只要掌握关于周延性的一般形式结论就可以了。命题的主、谓项周延性的判别，在推理的研究中是一个重要环节，我们必须牢固地掌握。

四、同一素材直言命题间的对当关系

所谓同一素材直言命题，是指直言命题的主项和谓项完全相同。如，"所有的金属都是能导电的"与"有些金属是能导电的"，这两个命题的主项和谓项完全相同，则可称为同一素材直言命题。

同一素材直言命题间的对当关系，则是指具有同一素材的 A、E、I、O 四种类型直言命题间的真假关系。

在客观现实中，由命题主项所反映的 S 类对象和由命题谓项所反映的 P 类对象之间，从外延间的关系来说，主项"S"与谓项"P"的外延存在以下五种关系：

（1）当 S 和 P 两类对象完全相同时，"S"和"P"的外延完全重合，即同一关系（如图 3-3）。

（2）当 S 类对象被 P 类对象所包含，"S"在外延上被"P"所包含，即真包含于关系（如图 3-4）。

（3）当 S 类对象包含了 P 类对象时，"S"在外延上包含"P"，即真包含关系（如图 3-5）。

（4）当 S 和 P 两类对象中只有一部分相同时，"S"和"P"在外延上部分重合，即交叉关系（如图 3-6）。

（5）当 S 与 P 两类对象完全不同时，"S"和"P"在外延上毫不相关，没有重合时，即全异关系（如图 3-7）。

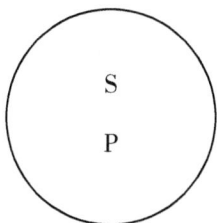

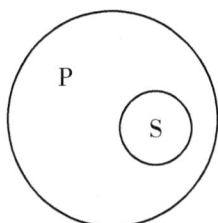

图 3-3　同一关系　　　　图 3-4　真包含于关系　　　　图 3-5　真包含关系

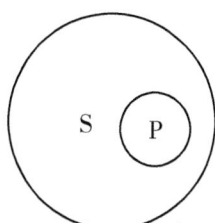

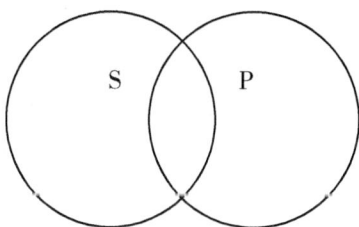

图 3-6　交叉关系　　　　　　　　图 3-7　全异关系

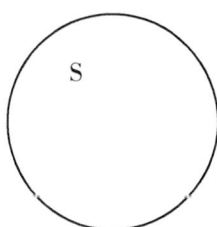

把上述各种直言命题的真假情况归纳起来，可以如表 3-4 所示。

表 3-4　同一素材直言命题的真假情况

命题真假 / 类型 \ S、P关系	S P	P S	S P	S P (交叉)	S P (全异)
SAP	真	真	假	假	假
SEP	假	假	假	假	真
SIP	真	真	真	真	假
SOP	假	假	真	真	真

根据表 3-4 所示，同一素材的 A、E、I、O 四种命题之间的真假关系归纳如下：

第一，矛盾关系。分别存在于 A 与 O 和 E 与 I 之间。具有矛盾关系的两个命题既不能同真，也不能同假。如，若已知"这里所有的企业都是高新技术企业"（A）为真，则"这里有的企业不是高新技术企业"（O）一定为假；若已知"这里有的企业不是高新技术企业"（O）为假，则"这里所有的企业都是高新技术企业"（A）为真。也就是说，其中一个命题为真，则另一个命题必假；其中一个命题为假，则另一个命题必真，即二者不能同真，也不能同假。E、I 之间的关系可用同样的方法说明。

第二，反对关系。存在于 A 与 E 之间。具有反对关系的两个命题不能同真，但可同假。即当 A 真时 E 为假，当 E 真时 A 为假；当 A 假时 E 可真可假，当 E 假时 A 可真可假。如，若已知"A 班所有的同学都是足球迷"（A）为真，则"A 班所有的同学都不是足球迷"（E）为假；已知"A 班所有的同学都是足球迷"（A）为假，则"A 班所有的同学都不是足球迷"（E）真假不定。也就是说其中一个命题为真，则另一个命题必假；一个命题为假，则另一个命题真假不定。

第三，下反对关系。存在于 I 与 O 之间。具有下反对关系的两个命题可以同真，但不能同假。即当 I 假时 O 为真，当 O 假时 I 为真；当 I 真时 O 可真可假，当 O 真时 I 可真可假。如，若已知"有些劳动产品是商品"（I）为真，则不能推出"有些劳动产品不是商品"（O）的真假；已知"有些劳动产品是商品"（I）为假，则可推出"有些劳动产品不是商品"（O）为真。也就是说，其中一个命题为真，则另一个命题真假不定；其中一个命题为假，则另一个命题必真。

第四，从属关系（差等关系）。分别存在于 A 与 I 和 E 与 O 之间。具有从属关系的两个命题可以同真，也可以同假。具体真假情况表现为：A、E 真，则 I、O 必真；A、E 假，则 I、O 真假不定；I、O 真，则 A、E 真假不定；I、O 假，则 A、E 必假。如，若已知"所有的细菌都是有害的"（A）为真，则"有些细菌是有害的"（I）为真；已知"有些细菌是有害的"（I）为真，则"所有的细菌都是有害的"（A）真假不定；已知"所有的细菌都是有害的"（A）为假，则"有些细菌是有害的"（I）真假不定；已知"有些细菌是有害的"（I）为假，则"所有的细菌都是有害的"（A）为假。

同一素材的 A、E、I、O 四种命题之间的真假关系，称为对当关系，可用一个正方形的图来表示，即传统逻辑所谓的"逻辑方阵"（如图 3-8 所示）。

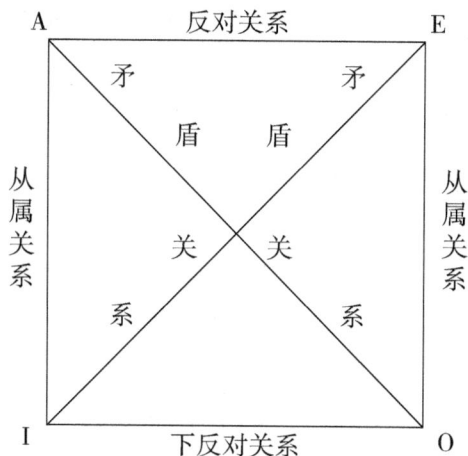

图 3-8　对当关系逻辑方阵

由上图，我们可将 A、E、I、O 四种命题间的对当关系简化为：

①矛盾关系：不能同假，也不能同真。一真另一必假，一假另一必真。

②反对关系：可以同假，不能同真。一真另一必假，一假另一真假不定。

③下反对关系：可以同真，不能同假。一假另一必真，一真另一真假不定。

④从属关系：上真下必真，上假下真假不定；下假上必假，下真上真假不定。

第三节　直言命题直接推理

直言命题直接推理是指以一个命题为前提推出结论的推理，其前提和结论都是直言命题。直言命题直接推理主要分为两种：对当关系直接推理和命题变形直接推理。

一、对当关系直接推理

对当关系直接推理是根据逻辑方阵在同一素材的各种直言命题之间进行的推理。逻辑方阵中体现了四种关系：矛盾关系、反对关系、下反对关系和从属关系。因此，对当关系推理也就相应地具有四种形式的推理。下面我们分别加以讨论。

1. 矛盾关系推理

矛盾关系存在于 A 与 O 和 E 与 I 之间。存在矛盾关系的两个命题不能同真，也不能同假。因此，可以由真推假，也可由假推真。推理有效式如下：

A 真 O 假 　　$SAP \rightarrow \overline{SOP}$ ·························（1）

A 假 O 真 　　$\overline{SAP} \rightarrow SOP$ ·························（2）

E 真 I 假 　　$SEP \rightarrow \overline{SIP}$ ·························（3）

E 假 I 真 　　$\overline{SEP} \rightarrow SIP$ ·························（4）

O 真 A 假 　　$SOP \rightarrow \overline{SAP}$ ·························（5）

O 假 A 真 　　$\overline{SOP} \rightarrow SAP$ ·························（6）

I 真 E 假 　　$SIP \rightarrow \overline{SEP}$ ·························（7）

I 假 E 真 　　$\overline{SIP} \rightarrow SEP$ ·························（8）

2. 反对关系推理

反对关系存在于 A 与 E 之间，存在反对关系的两个命题，不能同真，但可同假。因此，可以由真推假，而不能由假推真。推理有效式如下：

A 真 E 假 　　$SAP \rightarrow \overline{SEP}$ ·························（9）

E 真 A 假 　　$SEP \rightarrow \overline{SAP}$ ·························（10）

3. 下反对关系推理

下反对关系存在于 I 与 O 之间，存在下反对关系的两个命题，可以同真，不能同假。因此，可以由假推真，而不能由真推假。推理有效式如下：

I 假 O 真 　　$\overline{SIP} \rightarrow SOP$ ·························（11）

O 假 I 真 　　$\overline{SOP} \rightarrow SIP$ ·························（12）

4. 从属关系推理

从属关系存在于 A 与 I 和 E 与 O 之间，存在从属关系的两个命题分别处于逻辑方阵上方和下方，由上真到下真，由下假到上假。推理有效式如下：

A 真 I 真 　　$SAP \rightarrow SIP$ ·························（13）

I 假 A 假 　　$\overline{SIP} \rightarrow \overline{SAP}$ ·························（14）

E 真 O 真 　　$SEP \rightarrow SOP$ ·························（15）

O 假 E 假 　　$\overline{SOP} \rightarrow \overline{SEP}$ ·························（16）

对当关系直接推理一共包括以上 16 个正确有效式。

二、命题变形直接推理

命题变形直接推理是通过改变命题联项的性质或主谓项的位置而推出结

论的推理。命题变形直接推理主要包括换质法、换位法和换质换位综合法三种形式。

1. 换质法

换质法是通过改变命题的质从而推出一个新命题的直接推理。其规则如下：

第一，改变命题的质，即把肯定命题变为否定命题，把否定命题变为肯定命题。

第二，结论中主项与谓项的位置不变，结论中的谓项是前提中谓项的矛盾概念。

以 A、E、I、O 为前提进行的换质法直接推理的结构式如下：

$SAP \rightarrow SE\overline{P}$

$SEP \rightarrow SA\overline{P}$

$SIP \rightarrow SO\overline{P}$

$SOP \rightarrow SI\overline{P}$

例如：

中国的抗日战争是正义的战争，即中国的抗日战争不是非正义战争。

死读书不是正确的读书方法，即死读书是不正确的读书方法。

有的错误是可以避免的，即有的错误不是不可以避免的。

有些科学家不是上过大学的，即有些科学家是没有上过大学的。

换质法有助于从不同的角度思考和说明同一对象，从而全面看待和考虑问题，同时它也可以增强表达的效果，使原有的论点得到加强。

2. 换位法

换位法是通过改变命题的主谓项位置从而推出一个新命题的直接推理。其规则如下：

第一，命题主谓项位置互换，即前提中的主项成为结论中的谓项，前提中的谓项成为结论中的主项。

第二，命题的质不变，即肯定命题还是肯定命题，否定命题还是否定命题。

第三，前提中不周延的项在结论中不得周延。

根据这三条推理规则，在 A、E、I、O 四种命题中，除 O 命题外，A、E、I 都可以进行换位，其推理结构式如下：

$SAP \rightarrow PIS$

$SEP \rightarrow PES$

$SIP \rightarrow PIS$

SOP 不能换位。

例如：

金子是闪光的，即有些闪光的是金子。

文明人不说脏话，即说脏话的不是文明人。

有些苹果是绿色的，即有些绿色的是苹果。

O 命题不能进行换位。因为 O 命题如果换位，其前提中的主项 S 从不周延到周延，则违反了换位法规则第三条"前提中不周延的项在结论中不得周延"。

换位法有助于从不同方面说明同一对象，同时它还可以改变思维的着重点，使主谓项的外延关系得到明确。

3.换质换位综合法

换质换位综合法是从一个给定的前提命题出发，通过换质换位的交替使用，从而获得一个新命题为结论的推理。换质换位综合法是换质法与换位法的综合运用，在换质时需遵守换质法的两条规则，在换位时需遵守换位法的三条规则。

下面以换质位法和换位质法为例，以 A、E、I、O 四种命题为前提进行推理。

（1）换质位法是对前提命题先换质，后换位，再换质，再换位……直至不能再进行换位为止，从而获得一个新命题为结论的推理。

$SAP \rightarrow SE\overline{P} \rightarrow \overline{P}ES \rightarrow \overline{P}A\overline{S} \rightarrow \overline{S}I\overline{P} \rightarrow \overline{S}O\overline{P}$

$SEP \rightarrow SA\overline{P} \rightarrow \overline{P}IS \rightarrow \overline{P}O\overline{S}$

$SIP \rightarrow SO\overline{P}$

$SOP \rightarrow SI\overline{P} \rightarrow \overline{P}IS \rightarrow \overline{P}O\overline{S}$

（2）换位质法是对前提命题先换位，后换质，再换位，再换质……直至不能换位为止，从而获得一个新命题为结论的推理。

$SAP \rightarrow PIS \rightarrow PO\overline{S}$

$SEP \rightarrow PES \rightarrow PA\overline{S} \rightarrow \overline{S}I\overline{P} \rightarrow \overline{S}O\overline{P}$

$SIP \rightarrow PIS \rightarrow PO\overline{S}$

如果要判定从一个给定的前提出发能否运用命题变形推出一个给定的结论，那么，就要从这个给定的命题出发，分别进行连续换质换位或换位换质推理。如果在推理过程中推出了给定的结论，那么问题就得到了肯定。

例如：从"有些唯心论者是可知论者"能否推出"有些可知论者不是非唯心论者"。

可令 S 表示"唯心论者"，P 表示"可知论者"，则该推理形式为：SIP → POS̄。先换质位，可得 SIP → SOP̄，没有推出给定结论。再进行换位质：可得 SIP → PIS → POS̄，故从"有些唯心论者是可知论者"能推出"有些可知论者不是非唯心论者"。

第四节 直言三段论

一、什么是直言三段论

直言三段论是由两个包含着一个共同概念的直言命题推出一个新的直言命题的推理。

例如：

物质是可分的，

原子是物质，

所以，原子是可分的。

这个推理就是以两个包含着一个共同概念"物质"的直言命题为前提，推出一个新的直言命题的三段论推理。

任何一个直言三段论都是由三个直言命题所组成，其中两个命题是前提，一个命题是结论。如上例中横线以上的两个命题是前提，横线以下的一个命题是结论。

任何一个直言三段论都包含着三个项（概念）：大项、中项和小项。

"大项"，即结论中的谓项，用"P"表示，如上例中的"可分的"。

"中项"，即在结论中不出现而在前提中出现两次的概念，用"M"表示，如上例中的"物质"。

"小项"，即结论中的主项，用"S"表示，如上例中的"原子"。

在两个前提中，包含有大项的前提，叫作"大前提"，如上例中的"物质是可分的"。包含有小项的前提，叫作"小前提"，如上例中的"原子是物质"。

二、直言三段论公理

直言三段论公理是直言三段论推理的依据。直言三段论公理的具体内容是：**对一类事物的全部有所断定（肯定或否定），那么，对该类中的任一事物也必然有所断定（肯定或否定）**。直言三段论公理可以用图 3-9、3-10 来表示。

图 3-9　直言三段论公理（肯定）　　　图 3-10　直言三段论公理（否定）

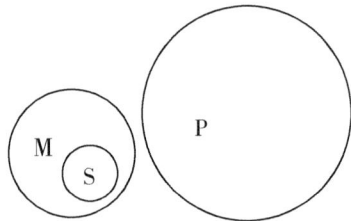

图 3-9 表明，M 类真包含于 P 类之中，即肯定所有的 M 是 P，那么，M 类中的一部分 S 也必然包含于 P 类之中，所以，所有 S 是 P。

图 3-10 表明，M 类与 P 类不相容，是全异关系，即否定所有的 M 是 P，那么，M 类中的一部分 S，必然也与 P 类不相容，是全异关系，所以，所有 S 不是 P。

直言三段论公理可体现为下列三段论的结构式：

（1）所有 M 是 P，　　　　　　　可记为：MAP

　　　所有 S 是 M，　　　　　　　　　　SAM

　　　所以，所有的 S 是 P。　　　　　　SAP

（2）所有的 M 不是 P，　　　　　可记为：MEP

　　　所有的 S 是 M，　　　　　　　　　SAM

　　　所以，所有的 S 不是 P。　　　　　SEP

三、三段论的一般规则

直言三段论公理是三段论成立的基本依据，但是依据直言三段论公理难以直接判定一个三段论是否有效。为了保证三段论推理的有效性，还需要进　步确定一些基本规则，使之成为判定三段论有效性的标准。可以说三段论的规则就是直言三段论公理的具体化。三段论的规则共有七条，可分为关于项的规则（共三条）和关于前提的规则（共四条）两部分。

三段论的一般规则如下：

第一，在一个三段论中，有且只能有三个不同的项。

三段论的实质是前提借助于一个共同的项（中项），使大项和小项发生逻辑联系，从而推出结论。如果一个三段论只有两个不同的项，那么，大项和小项就找不到一个与自身不同的项来建立逻辑联系，也就无法推出结论。如果一个三段论有四个不同的项，那么，就有可能出现一个项与大项发生关系，而另一个项则只与小项发生联系。大小项之间还是没有一个能够起媒介作用、发生逻辑联系的项，仍然推不出结论。例如：

老王是工人

<u>小李是教师</u>

　　　　　？

这里两个前提有四个项，无法构成三段论推出结论。违反这一规则所犯的逻辑错误，称为**"四项错误"**。在三段论中出现"四项错误"，很多情况是由于同一语词在两个前提中表达的意思不一致，表面上是三个项，实际上是四个项。例如：

鲁迅的作品不是一天能读完的，

<u>《祝福》是鲁迅的作品，</u>

所以，《祝福》不是一天能读完的。

这里"鲁迅的作品"是同一语词，但表达的是不同的概念。前者是集合概念，后者是非集合概念。因此，犯了"四项错误"。

第二，中项在前提中至少要周延一次。

中项在三段论中作为联系大、小项的媒介，必须有一部分外延要与大项建立联系，同时又要同小项建立联系，那么，中项就要周延。如果中项不周延，这样，就无从确定大小项的关系。违反这一规则的逻辑错误是**"中项两次都不得周延"**。例如：

小偷穿黑衣服，

这个人穿黑衣服，

所以，这个人是小偷。

在这个三段论中，中项"穿黑衣服"一次都没有周延，因此，"这个人"和"小偷"之间的关系就无法确定，也就不能得出结论，犯了"中项两次都不得周延"的错误。

第三，在前提中不周延的项在结论中也不得周延。

结论是由前提推出来的，如果前提只断定了大项或小项的一部分外延，那么，在结论中也就只能断定大项或小项的一部分外延。如果在结论中断定了大项或小项的全部外延，则必然不能保证前提蕴含结论。违反这一规则所犯的逻辑错误称为**"大项不当周延"**或**"小项不当周延"**。例如：

所有自然数是整数，

所有自然数是有理数，

所以，所有有理数是整数。

在这个三段论中，小项"有理数"在前提中不周延，但在结论中周延了，犯了"小项不当周延"的逻辑错误。

再如：

法官是懂法的，

他们不是法官，

所以，他们不懂法。

在这个三段论中，大项"懂法"在前提中不周延，但在结论中却周延了。犯了"大项不当周延"的错误。

以上是有关项的规则。

第四，两否定前提得不出结论。

否定命题从外延来看，就是断定主谓项外延的相应部分不相容。一个三段论，如果它的两个前提都是否定的，那么就断定了中项和大、小项的外延部分都相互排斥，则中项就起不到联系大、小项的媒介作用，大、小项的关系就无法得到断定，也就无法推出结论。例如：

小王不是工人，

小王不是农民，
_____

　　　　　？

这个推理推不出结论。因为从这两个否定前提出发，既不能推出小王是工人，也不能推出小王是农民。

第五，如果前提有一否定，结论必否定。

根据规则四，如果两个前提中有一个是否定的，则另一个必是肯定的。否定的前提断定中项和一个项在外延上是相互排斥的，肯定的前提则断定中项和另一个项在外延上是相容的。由此，可以断定大、小项在外延上不相容，而不能断定大、小项在外延上相容。大、小项在外延上不相容，就意味着结论必否定。

同样，如果一个三段论，其结论是否定的，那么，前提中有且只有一个前提是否定的。

第六，两特称前提得不出结论。

两个前提都是特称命题，有三种情况：II、OO、IO 或 OI。下面我们对这三种情况进行分析：

（1）II。如果以两个 I 命题作为前提，则前提中没有一个项是周延的，根据规则二"中项在前提中至少要周延一次"，因此得不出结论。

（2）OO。根据规则四"两否定前提得不出结论"，OO 以两个 O 命题为前提，因此得不出结论。

（3）IO 或 OI。如果以 I 命题和 O 命题作为前提，则只有一个项在前提中周延，即 O 命题的谓项。根据规则二"中项在前提中至少要周延一次"，这个周延的项应当是中项。但是，如果将这个周延的项作为中项，那么，根据规则五"如果前提有一否定，结论必否定"，其结论必否定，也就是说，结论的谓项是周延的。这就违反了规则三"前提中不周延的项在结论中不得周延"。如果在前提中周延的项作为大项，虽然结论为否定，但中项在前提中一次也没有周延，又违反了规则二。总之，推不出结论。

综上所述，两特称前提得不出结论。

第七，如果两个前提中有一个是特称的，其结论必特称。

根据规则六，两前提中有一个特称，另一个必全称。因此，包括一个特称命题的两个前提，有四种可能情况：AI、AO、EI、EO。下面我们对这四种情况进行分析：

（1）AI。如果以 A 命题和 I 命题作为前提，那么，前提中只有一个项是周延的，即 A 命题的主项。根据规则二"中项在前提中至少要周延一次"，这个周延的项应当是中项。这样大、小项都不周延，其结论必特称。如果结论全称，就会违反规则三，犯"大项不当周延的错误"。所以，结论只能是特称。

（2）AO。如果以 A 命题和 O 命题作为前提，那么，前提中有两个项是周延的，即 A 命题的主项和 O 命题的谓项。在这两个周延的项当中，根据规则二"中项在前提中至少要周延一次"，必有一个要充当中项；根据规则五"如果前提有一否定，结论必否定"，有一个项要充当大项。那么，小项在前提中就不得周延，根据规则三"在前提中不周延的项在结论中也不得周延"，小项在结论中也是不得周延的。这样，其结论必为特称。

（3）EI。如果以 E 命题和 I 命题作为前提，那么，前提中有两个项是周延的，即 E 命题的主谓项。在这两个周延的项当中，根据规则二"中项在前提中至少要周延一次"，必有一个要充当中项；根据规则五"如果前提有一否定，结论必否定"，必有一个项要充当大项，那么，小项在前提中就不得周延，根据规则三"在前提中不周延的项在结论中也不得周延"，小项在结论中也不得周延。因此，其结论必特称。

（4）EO。如果以 E 命题和 O 命题作为前提，推不出结论。因为根据规则四，两否定前提推不出结论。

综上所述，两前提中有一特称，结论必特称。

四、三段论的格与式

（一）三段论的格

三段论的格是根据中项在前提中的位置不同而构成的不同形式的三段论。三段论共有四个格：

1.第一格：中项分别是大前提的主项和小前提的谓项。其形式为：

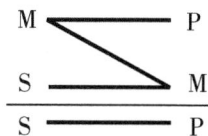

$$M \longrightarrow P$$
$$S \longrightarrow M$$
$$\overline{S \longrightarrow P}$$

具体规则为：

（1）小前提必肯定；

（2）大前提必全称。

第一格的三段论，典型地表明了演绎推理从一般到特殊的思维进程，体现了三段论的公理，常用于根据一般原则认识和说明特殊问题，或将特殊问题归于一般原则之下。因而，第一格的三段论又被称为"典型格"或"完善格"。

2.第二格：中项分别是大、小前提的谓项。其形式为：

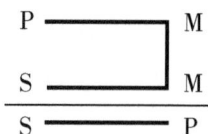

$$P \longrightarrow M$$
$$S \longrightarrow M$$
$$\overline{S \longrightarrow P}$$

具体规则为：

（1）必有一前提否定；

（2）大前提必全称。

第二格的三段论，由于只能得出否定结论，不能得出肯定结论，因此，它的主要作用在于指出事物之间的区别和反驳肯定判断。所以第二格的三段论也被称为"区别格"。

3.第三格：中项分别是大、小前提的主项。其形式为：

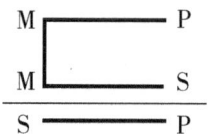

$$M \longrightarrow P$$
$$M \longrightarrow S$$
$$\overline{S \longrightarrow P}$$

具体规则为：

（1）小前提必肯定；

（2）结论必特称。

第三格三段论，由于其结论是特称的，其主要作用在于用事物的特殊情况来反驳事物的一般情况,用特称反驳全称。因此,第三格的三段论也称之为"反驳格"。

4.第四格：中项分别是大、小前提的谓项和主项。其形式为：

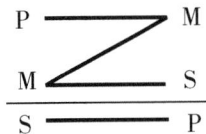

具体规则为：

（1）前提中有一否定，则大前提必全称；

（2）若大前提肯定，则小前提必全称；

（3）若小前提肯定，结论必特称。

第四格三段论，由于其限制较多，在实践中应用较少。

三段论的一般规则是正确构造三段论的充分必要条件，而三段论的各格具体规则则是正确构造三段论的必要条件。以上三段论的四个格的不同具体规则都可根据三段论一般规则加以证明，大家可自行证明之。

（二）三段论的式

三段论的式是指 A、E、I、O 四种命题在两个前提和一个结论中的各种不同组合所构成的不同形式的三段论。如大、小前提和结论都是 A 命题的三段论，称为 AAA 式；大、小前提和结论分别为 A、E、E 命题的三段论，称为 AEE 式。

A、E、I、O 四种命题都可充当三段论的大、小前提和结论，其组合数目是 $4 \times 4 \times 4 = 64$，共有 64 个式。在这 64 个式中，符合三段论规则的只有 11 个式：

AAA　AAI　AEE　AEO　AII　AOO　EAE　EAO　EIO　IAI　OAO

将这 11 个有效式，按照各格具体规则，分配到各格中去，共有 24 个正确有效的式（如表 3-5）。

表 3-5　三段论 24 个正确有效的式

第一格	第二格	第三格	第四格
AAA	AEE	AAI	AAI
AII	EAE	AII	AEE
EAE	EIO	EAO	EAO
EIO	AOO	EIO	EIO

续表

第一格	第二格	第三格	第四格
（AAI）	（AEO）	IAI	IAI
（EAO）	（EAO）	OAO	（AEO）

括号中的式称为弱式。所谓弱式，是指在某个格中，根据相同的前提可以得出全称结论，但得出了特称结论。

五、省略三段论

省略三段论是在语言表达中省略了其中某个命题的三段论。从逻辑结构上说，三段论的三个命题缺一不可，但是在日常语言表达过程中，常常为了简洁或表达更为有力，而省略其中某个部分。

三段论的省略形式有三种：

1. 省略大前提形式。如，"你也是人，犯错误是难免的"，这是一个省略了大前提的三段论。它的完整形式是：

所有的人犯错误都是难免的，

你是人，

所以，你犯错误是难免的。

省略的大前提，往往是得到人们普遍承认的一般原理。

2. 省略小前提的形式。如，"一切文学作品都是以情感人，当然，小说也不例外"，这是一个省略了小前提的三段论。它的完整形式是：

一切文学作品都是以情感人，

小说是文学作品，

所以，小说也是以情感人。

省略的小前提，往往是不说自明的事实。

3. 省略结论的形式。如，"我们的事业是正义的，正义的事业是一定要胜利的"，这是一个省略了结论的三段论。它的完整形式是：

正义的事业是一定要胜利的，

我们的事业是正义的，

所以，我们的事业是一定要胜利的。

省略的结论，已经蕴含在前提中，不说自明，从语言表达的角度来说，不说结论，往往比说出结论更为有力。

既然省略三段论只是语言形式上的省略，而不是逻辑结构上的缺省，那么，对一些错误或虚假的省略三段论的驳斥，就需要从三段论的形式结构上着手，指出其错误。所以，要检验一个省略三段论是否正确有效，就要使三段论的省略部分得到恢复。因此，下面我们讨论省略三段论的恢复。

恢复完整形式的步骤如下：

第一，要确定省略的部分是什么。是前提，还是结论？是大前提，还是小前提？确定的方法就是找出中项 M。如果两个命题中只有一个中项，那么省略的是前提，如果两个命题中有两个中项，省略的必是结论。

第二，如果省略的是前提，那么，就要在两个已知的命题中找出结论。前提和结论之间存在着推断关系，一般可以从"因为""所以"等语言表达方式来加以判断。结论中的主项和谓项有着固定的位置，找出了结论就可以知道省略的是大前提还是小前提。

第三，恢复省略前提。如果省略了小前提，把结论的主项 S 和大前提的中项 M 联结起来，就构成了小前提；如果省略的是大前提，把结论的谓项 P 和大前提中的中项 M 联结起来，就构成了大前提；如果省略的是结论，把小前提中的主项 S 和大前提中的谓项 P 联结起来，就构成了结论。这样就可以恢复完整的三段论。

此外，需要注意的是，对于恢复后的完整形式三段论需要用三段论的一般规则验证其有效性，如，"我们不是劳动模范，所以，我们不要好好劳动"，补足的三段论形式为：

劳动模范要好好劳动，

我们不是劳动模范，

所以，我们不要好好劳动。

但这是一个错误的省略三段论，它违反了规则三，犯了"大项不当周延"的错误。

📖 复习思考题

1.什么是命题？命题的基本逻辑特征怎样？

2.什么是推理？推理的有效性如何判定？

3.什么是直言命题？简述直言命题的逻辑结构。

4.A、E、I、O四种命题可以构成哪些关系？这些关系的真假情况如何？

5.什么是直言命题主、谓项的周延性？如何判断周延性？

6.直言命题变形推理有几种形式？每种形式的规则是什么？

7.直言三段论的一般规则有哪些？

8.什么是直言三段论的格与式？

📖 思维训练题

一、下列语句是否表达命题？为什么？

1.中国人连死都不怕，难道还怕困难么？

2.全面建成小康社会的目标一定能按时实现。

3.鱼目岂能混珠！

4.什么样的命题称为复合命题？

5.室内禁止吸烟！

6.加油，中国！

7.任何事物内部都不会不包含矛盾。

8.欲加之罪，何患无辞？

二、下列句子表达的是哪种类型的直言命题？请写出其逻辑形式。

1.人的正确思想不是人头脑里固有的。

2.有的鱼是用肺呼吸的。

3.所有的肯定命题谓项是不周延的。

4.有些官员不是真正为人民服务的。

5.无论什么困难都不是不可克服的。

6.某村所有的人都参加了新农村合作医疗。

7. W村有些人没有参加农村养老保险。

8. 有些同学是党员。

三、指出下列直言命题的主谓项周延情况。

1. 中国是世界上人口最多的国家。

2. 自然科学不是上层建筑。

3. 北京是中国的首都。

4. 所有用于自我消费的劳动产品都不是商品。

5. 我班的贫困生不都是南方人。

6. 所有特称命题主项都是不周延的。

7. 党和政府的角色与定位是应急管理的中心力量。

8. 有的视频是经过特效处理的。

四、根据命题的对当关系，由已知命题的真假，指出同一素材的其他命题的真假。

1. 已知"否定命题的谓项都是周延的"为真。

2. 已知"有些特称命题的主项都是周延的"为假。

3. 已知"某单位职工都买了电冰箱"为假。

4. 已知"所有的花都是红色的"为假。

5. 已知"有的课程不是全英文授课"为真。

6. 已知"有市民曾去过高风险感染地区"为真。

7. 已知"某高校所有学生都参加过社团活动"为假。

8. 已知"有的手机是智慧型手机"为真。

五、对下列命题进行换质，并用公式表示推导过程。

1. 有些同学是党员。

2. 所有的同学考试都及格了。

3. 有些经济合同不是合法的。

4. 所有的经济规律都是客观的。

5. 有些花不是红色的。

6. 所有的困难都不是不能克服的。

7.有些战争是非正义的。

8.所有真理都是客观的。

六、下列命题能否换位？如能换位，请用公式表示推导过程；如不能，请说明理由。

1.所有的商品都是有价值和使用价值的。

2.有些同学不是足球爱好者。

3.有些工艺品是不出售的。

4.有的小说不是现实主义作品。

5.有些鱼类是卵生动物。

6.有些手机是中国制造的。

7.否定命题的谓项是周延的。

8.有些作品不是浪漫主义作品。

七、下列命题能否换质位和换位质？如能，请用公式表示推导过程；如不能，请说明理由。

1.真理是不怕批评的。

2.有些错误是可以避免的。

3.有些矛盾不是对抗性的。

4.并非任何词语都是概念。

5.正义的事业是不可战胜的。

6.并非有的律师不是懂法的。

7.公共管理学院有的学生是理科学生。

8.有些科学家不是上过大学的。

八、下列命题能否由命题变形直接推理得出？如能，请用公式表示推导过程；如不能，请说明理由。

1.由"所有的非党员都不交纳党费"推出"有些党员交纳党费"。

2.由"所有蚂蚁都喜欢团队协作"推出"有些蚂蚁不喜欢非团队合作"。

3.由"说假话的都不是正派人"推出"有些正派的人不说真话"。

4.由"有些生物不是有性繁殖的"推出"有些无性繁殖的不是非生物"。

5.由"所有非汉语国家的学生都需要通过普通话测试"推出"有些汉语国家的学生不需要通过普通话测试"。

6.由"有些木本植物是乔木"推出"有些乔木不是非木本植物"。

7.由"农村人口都不吃商品粮"推出"有些不吃商品粮的不是城市人口"。

8.由"有的工人是青年"推出"有的非青年不是工人"。

九、下列根据对当关系所进行的推理是否正确？为什么？

1.有些产品是不出口的，所以，有些产品是出口的。

2.有些产品是出口的，所以，并非所有的产品都不出口。

3.并非所有的产品都出口，所以，所有的产品都不出口。

4.并非有的产品出口，所以，有的产品不出口。

5.所有的产品都出口，所以，并非所有的产品都不出口。

6.有的产品出口，所以，所有的产品都出口。

7.并非所有的产品都不出口，所以，有的产品出口。

8.并非有的产品不出口，所以所有的产品都出口。

十、下列三段论是否正确？如不正确，违反了什么原则？

1.中国人是勤劳的，我是中国人，所以，我是勤劳的。

2.全称判断的主项是周延的，这个项周延，所以，这个项是全称判断的主项。

3.中子是一种基本粒子，中子不带电，所以，有些基本粒子是不带电的。

4.劳动模范要在劳动中起带头作用，我不是劳动模范，所以，我不要在劳动中起带头作用。

5.经济规律是客观规律，客观规律总是不以人们的意志为转移的，所以，经济规律是不以人的意志为转移的。

6.审判员在法院工作，这些人在法院工作，所以，这些人是审判员。

7.有些青年是发明家，有些青年是知识分子，所以，有些知识分子是发明家。

8.外语翻译都要懂外语，他不是外语翻译，所以，他不懂外语。

十一、在下列括号内填上适当的符号，使之构成三段论有效式。

M( )P	P( )M	M I P	P E M
S( )M	S( )M	M( )S	M( )S
S A P	S E P	S( )P	S( )P

```
M E P    P E M    P I M    P O M
S( )M    M( )S    M( )S    S( )M
S E P    S( )P    S( )P    S( )P
```

十二、把下列三段论省略式恢复成完整式，并指出它是否正确。

1. 台湾问题是中国的内政，中国的一切内政决不容许外国干涉。

2. 你是公务员，你应当模范地执行法律。

3. 我们要实事求是，因为我们是革命者。

4. 你是领导干部，所以，你要关心群众生活。

5. 科学是真理，所以，绝不怕别人反驳。

6. 凡是受到人们拥护的政策都是符合人民的根本利益的，因此改革开放是受到人民拥护的政策。

7. 我不是班主任老师，所以，我不管学生的思想。

8. 不爱学生的教师不是个好教师，我是爱学生的。

十三、运用三段论的有关知识，回答下列问题。

1. 如果正确的直言三段论结论是全称的，则中项不能周延两次，为什么？

2. 已知一个正确的三段论，其两个前提中只有大前提中有一个词项周延，这个三段论的大前提应是什么命题，为什么？

3. 一个正确的直言三段论，它的大前提是肯定的，大项在前提和结论中都周延，小项在前提和结论中都不周延，这个直言三段论的式是什么？

4. 为什么结论是否定命题的三段论，其大前提不能是 I 命题？

5. 以"所有 A 不是 B"与"有 C 是 A"为前提，能否必然推出"有 B 不是 C"？能否推出"有 C 不是 B"？为什么？

6. 如果一个有效三段论的大前提为 O 命题，试问它是第几格的三段论？它的逻辑形式是什么？

十四、证明题。

1. 一个有效的三段论，如果大前提是特称的，那么小前提必须是全称肯定。

2. 一个有效的三段论，如果结论是全称否定命题，那么其前提必然是一个全称否定命题和一个全称肯定命题。

3.根据三段论的一般规则和第一格的形式，证明"小前提必须肯定"这一特殊规则。

4.一个有效的第一格三段论，若结论为特称否定命题，则大前提只能是全称否定命题。

5.一有效三段论的大项在前提中周延而在结论中不周延，请写出该三段论的格与式，并写出推导过程。

6.一个有效的三段论，若小前提为全称否定命题，则大前提必须为全称肯定命题。

7.设：A表示命题"所有精通声乐的都精通钢琴"，B表示"所有精通钢琴的不精通笛子"，C表示"有些精通笛子的是精通声乐的"。试证明：若A与B均真，则C假。

📖 巩固与拓展

一、单项选择题

1.某大学学生寝室一共住有包括寝室长在内的八位同学。有关这八位同学，以下三个断定中只有一个是真的：

（1）有人是广东人。　　（2）有人不是广东人。　　（3）寝室长不是广东人。

以下哪项为真？（　　　）

A.八位同学都是广东人　　　　　　　B.八位同学都不是广东人

C.只有一个不是广东人　　　　　　　D.只有一个是广东人

2.某单位发现有职工不按时到岗。

如果上述断定是真的，那么在下述三个断定中不能确定真假的是（　　　）

（1）这个单位没有职工按时到岗。

（2）这个单位有的职工没按时到岗。

（3）这个单位所有的职工都按时到岗。

A.只有（1）和（2）　　　　　　　　B.（1）（2）和（3）

C.只有（1）和（3）　　　　　　　　D.只有（1）

3.桌子上有四个杯子，每个杯子上写着一句话：

第一个杯子："所有的杯子中都有水果糖。"

第二个杯子："本杯中有苹果。"

第三个杯子："本杯中没有巧克力。"

第四个杯子："有些杯子中没有水果糖。"

如果其中只有一句话为真，那么，以下哪项为真？（　　）

A.所有杯子中都有水果糖　　　　　B.所有杯子中都没有水果糖

C.第二个杯子中有水果　　　　　　D.第三个杯子中有巧克力

4.科学不是宗教，宗教都主张信仰，所以主张信仰都不科学。

以下哪项推理最能说明上述推理不成立？（　　）

A.所有渴望成功的人都必须努力工作，我不渴望成功，所以我不必努力工作

B.商品都有使用价值，空气当然有使用价值，所以空气当然是商品

C.不努力学习的人成不了技术能手，小张是努力学习的人，所以小张能成为技术能手

D.台湾人不是北京人，北京人都说京味普通话，所以说京味普通话的人都不是台湾人

5.所有名词是实词，动词不是名词，所以动词不是实词。

以下哪项推理与上述推理在结构上最为相似？（　　）

A.凡细粮都不是高产作物，因为凡薯类都是高产作物，凡细粮都不是薯类

B.先进学生都是遵守纪律的，有些先进学生是大学生，所以大学生都是遵守纪律的

C.铝是金属，又因为金属都是导电的，因此铝是导电的

D.虚词不能独立充当句法成分，介词是虚词，所以介词不能独立充当句法成分

6.某些经济学家是大学数学系的毕业生。因此，某些大学数学系毕业生是对企业经营很有研究的人。

下列哪项如果为真，则能保证上述论断的正确？（　　）

A.某些经济学家专攻经济学某一领域，对企业经营没有太多研究

B.某些对企业经营很有研究的经济学家不是大学数学系毕业的

C.所有对企业经营很有研究的人都是经济学家

D.所有经济学家都是对企业经营很有研究的人

7.南昌三中所有骑自行车上学的学生都回家吃午饭，因此，有些家在郊区的南昌三中的学生不骑自行车上学。

为使上述论证成立,以下哪项关于南昌三中的断定是必须假设的? （   ）

A.骑自行车上学的学生家都不在郊区

B.有些家在郊区的学生不回家吃午饭

C.回家吃中饭的学生都骑自行车上学

D.家在郊区的学生都不回家午饭

8.一家珠宝店被盗，经查可以肯定是赵、钱、孙、李四人中的某一人所为。审讯中，他们四人各自说了一句话：

赵说："我不是罪犯。"

钱说："李是罪犯。"

孙说："钱是罪犯。"

李说："我不是罪犯。"

经调查证实，四人中只有一人说的是真话。根据以上条件，下列哪个判断为真？（   ）

A.赵说的是假话，赵是罪犯   B.钱说的是真话，李是罪犯

C.孙说的是真话，钱是罪犯   D.李说的是假话，李是罪犯

9.有些导演留大胡子，因此，有些留大胡子的人是大嗓门。为使上述推理成立，必须补充以下哪项作为前提？（   ）

A.有些导演是大嗓门   B.所有大嗓门的人都是导演

C.所有导演都是大嗓门   D.有些大嗓门的不是导演

10.学院路街道发现有居民未做核酸检测。如果上述断定为真，则以下哪项不能确定真假？（   ）

（1）学院路街道所有居民都未做核酸检测。

（2）学院路街道所有居民都做了核酸检测。

（3）学院路街道有居民做了核酸检测。

（4）学院路街道的居民张小明做了核酸检测。

A.（1）、（2）、（3）和（4）　　　　B.仅（1）、（3）和（4）

C.仅（1）和（3）　　　　　　　　　D.仅（1）和（4）

11.《伊索寓言》中有这样一段文字：有一只狗习惯于吃鸡蛋。久而久之，它认为"一切鸡蛋都是圆的"。有一次，它看见一个圆圆的海螺，以为是鸡蛋，于是张开大嘴，一口就把海螺吞下肚去，肚子疼得直打滚。

狗误吃海螺是依据下述哪项判断？（　　　）

A.所有圆的都是鸡蛋　　　　　　　B.有些圆的是鸡蛋

C.有些鸡蛋是圆的　　　　　　　　D.所有的鸡蛋都是圆的

12."有些人不是坏人，因此，有些坏人不是人。"

下列哪个推理具有与上述推理相同的结构？（　　　）

A.有些便宜货不是好货，因此，有些便宜货是好货

B.有些便宜货不是假货，因此，有些假货不是便宜货

C.所有商品都是有价值的，因此，所有有价值的都是商品

D.有些发明家是自学成才的，因此，有些自学成才者是发明家

13.哺乳动物是不会灭绝的，东北虎是哺乳动物，所以东北虎是不会灭绝的。对于这个推理，以下哪项为真？（　　　）

A.这个推理是错误的，因为它的结论是错误的

B.这个推理是正确的，因为它的前提是正确的

C.这个推理是错误的，因为它违反了同一律

D.不能确定这个推理正确与否

14.任何结果都不可能凭空出现，它们的背后都是有原因的；任何背后有原因的事物均可以被人认识，而可以被人认识的事物都必然不是毫无规律的。

根据以上陈述，以下哪项一定为假？（　　　）

A.那些可以被人认识的事物必然有规律

B.任何结果出现的背后都是有原因的

C.任何结果都可以被人认识

D.有些结果的出现可能毫无规律

15.韩国人爱吃酸菜，翠花爱吃酸菜，所以，翠花是韩国人。

以下推理与上述推理具相似逻辑错误的是（　　　）

A. 所有的金属都是导电体，铁是金属，所以，铁是导电体

B. 会走路的动物都有腿，桌子有腿，所以，桌子是会走路的动物

C. 所有金子都闪光，所以，有些闪光的东西是金子

D. 朝鲜人爱吃酸菜，翠花是朝鲜人，所以翠花爱吃酸菜

二、综合分析题

1. 请根据下列相声内容，运用命题变形直接推理分析客人们被气走的缘由及其合理性。

甲：不会说话净得罪人。明明是好意呀，别人听了也不舒服。

乙：有这样的事？

甲：我大爷就因为不会说话，老得罪人。有一次，我大爷请客，请了四位客人到饭馆吃饭。约好下午六点钟，到了五点半，来了三位，有一位没来，这位还是主客。

乙：那就再等会儿，实在不来就吃吧！

甲：我大爷可是个守信的人，一直等到六点半，那位还没有来。他急啦，自言自语地说："该来的不来嘛！"其中有一位就不痛快啦："怎么，该来的不来？那我是不该来的呀！我走吧！"他下楼走啦！

乙：得，气走一位。

甲：我大爷在楼上左等右等，那位主客还是没有来。不但那位没有来，还走掉一位。我大爷又说啦："唉！又走了一位，真是，不该走的走啦！"另外一位又嘀咕了："什么？不该走的走啦，没诚意请我呀！我也走吧！"他也走啦。

乙：有这么说话的吗？他也走啦。

甲：就剩下一位啦！这位跟我大爷是老交情，他对我大爷说："兄弟，你以后说话可要注意点，哪有这么说话的呀！'什么不该走的走啦'，那人家还不走？以后可别这么说啦！"我大爷解释说："大哥，我没有说他俩呀！""哦！说我呀，我也走吧！"

乙：全气走啦！

2. 请根据以下内容，分析识破该骗局所运用的推理形式。

王三是个超级富豪，在他四十岁那年，他的三岁独生子突然失踪，不久王

三也因病去世了。王三的妻子李红继承了其全部遗产。十年后，王三和李红失踪的"儿子"回家了，脖子上还挂着一条嵌有李红照片的项链。李红验证无误后，当即认下了儿子，并立即起草了一份她死后由儿子继承全部财产的遗嘱。但李红的朋友则建议她先化验下儿子的血型，经化验，新来的儿子是 A 型血，李红是 O 型血，按照血型遗传法则，O 型血的母亲是可以生出 A 型血的子女的，但是只知道母亲一方的血型，还不能完全断定儿子的真假，而其父王三已去世多年。于是李红查到了王三父母的血型，其父母都是 O 型。按照血型遗传法则，父母双方都是 O 型血的，子女只能是 O 型血，所以王三必然是 O 型血。王三是 O 型，李红是 O 型，那么他们的儿子也应该是 O 型，而新来的少年是 A 型。因此可以断定：这个新来的少年不是十年前李红失踪的儿子，而是一场为窃取王三遗产而精心策划的骗局。

第四章 关系命题、模态命题及其推理

学习提示

本章介绍关系推理和模态推理。关系命题属于简单命题，由于第三章简单命题及其推理内容较多，故放在第四章与模态命题一起介绍。对于关系命题要弄清关系两种性质——对称性和传递性，关系推理也是基于关系的这两种性质展开。模态命题是含有模态词的命题。本章需要掌握的主要知识点包括：关系命题的对称性和传递性、纯关系推理和混合关系推理；模态命题中的必然肯定模态命题、必然否定模态命题、可能肯定模态命题和可能否定模态命题四种类型，这四种类型模态命题间的对当关系及其推理，以及模态三段论推理。

第一节 关系命题及其推理

一、关系命题

关系命题是简单命题，它是断定对象与对象之间关系的命题。例如：

（1）老王与老赵是同学。

（2）5大于3。

（3）第二教学大楼位于第一与第三教学大楼之间。

这些都是关系命题。例（1）断定了"老王"与"老赵"之间具有"同学"关系；例（2）断定了"5"与"3"之间具有"大于"的关系；例（3）断定了

"第二教学大楼"与"第一、第三教学大楼"之间有"位于……之间"的关系。

关系命题与性质命题不同，它是断定对象之间关系的命题。任何关系总是存在于两个或两个以上的事物之间的，因此，关系命题的对象就有两个或两个以上。如例（1）和例（2）就是具有两个项的关系命题；例（3）则是具有三个项的关系命题。存在于两个对象之间的关系叫作两项关系，存在于三个对象之间的关系叫作三项关系。

（一）关系命题的组成

从上面三个关系命题来看，任何一个关系命题都由以下三个部分所构成：

1. 关系项

如例（1）中的"同学"、例（2）中的"大于"、例（3）中的"位于……之间"，这些就是关系项。它存在于具有这种关系的各个对象之间。

2. 关系者项

如例（1）中的"老王"与"老赵"、例（2）中的"5"与"3"、例（3）中的"第二教学大楼"与"第一、第三教学大楼"，这些都是关系者项。关系者项可以是两个，也可以是多个。在两者关系中，在前的关系者项称为关系者前项，在后的关系者项称为关系者后项。如有多个关系者项，则可按前后次序分别称之为第一、第二、第三……关系者项。

3. 量项

量项是表示关系者项的数量。每一个关系者项都可以有量项。如，"A班有些同学与B班有些同学是老乡"，"所有的唯物论者与所有的唯心论者是相互对立的"。

两项关系命题按照上述三个组成部分，可用如下公式表示：

aRb 也可写作：R（a，b）

其中，a、b分别表示关系者项，R表示关系项，量项被省略了。

多项关系命题公式可以写作：R（a，b，c，…，n）

（二）关系的性质

事物之间的关系是多种多样的，因而关系的性质也是各不相同的。我们在这里主要讨论关系的两种重要性质：对称性和传递性。

1. 对称性

关系的对称性有三种情况：对称关系、非对称关系、反对称关系。

（1）对称关系

对于任意对象 a 和 b，如果 a 对 b 有某种关系 R，而 b 对 a 也有同样的关系 R，那么，a 与 b 之间就是对称关系。或者说，对于 X 类中的任意对象 a 和 b，如果公式 aRb 成立，公式 bRa 也成立，那么关系 R 在 X 类中为对称关系。如，"同学"关系就是对称关系，因为，A 是 B 的同学，则 B 也一定是 A 的同学。常见的对称关系有"等于""同事""战友""朋友""同乡"等。

（2）反对称关系

对于任意对象 a 和 b，如果 a 对 b 有某种关系 R，而 b 对 a 一定没有某种关系 R，那么，a 与 b 之间就是反对称关系。或者说，对于 X 类中的任意对象 a 和 b，如果公式 aRb 成立，公式 bRa 必然不成立，那么，关系 R 在 X 类中则为反对称关系。如，"大于"关系是反对称关系，因为 A 大于 B，B 则必然不大于 A。常见的反对称关系有"重于""小于""年轻于""侵略""剥削""之上""以北"等。

（3）非对称关系

对于任意对象 a 和 b，如果 a 对 b 有 R 关系，而 b 对 a 有没有 R 关系则不一定，可能有 R 关系，也可能没有 R 关系，那么，a 与 b 之间的这种关系则为非对称关系。或者说，对于 X 类中的任意对象 a 和 b，如果公式 aRb 成立，公式 bRa 可能成立，也可能不成立，那么关系 R 在 X 类中则为非对称关系。如，"小陈喜欢小王"这个命题所表示的小陈与小王之间的"喜欢"关系，就是非对称关系。因为小陈喜欢小王，但小王是不是喜欢小陈，在这个命题中没有断定，可能"喜欢"，也可能"不喜欢"。常见的非对称关系有"信任""支援""尊重""了解"等。

2.传递性

关系的传递性也有三种情况：传递关系、反传递关系和非传递关系。

（1）传递关系

对于任意对象 a、b 和 c，如果 a 对 b 有传递关系 R，而且 b 对 c 也有传递关系 R，那么，a 和 c 一定有 R 关系，这种 R 关系就是传递关系。或者说，对于 X 类中的任意对象 a、b 和 c 而言，如果公式"aRb"和"bRc"成立，并且"aRc"也成立，那么关系 R 在 X 类中是传递的。如，"5 大于 3，3 大于 1，因此，

5 大于 1"。在这个例子中，"大于"是一种传递关系。我们可以根据 5 大于 3，3 大于 1，得出"5 一定大于 1"的结论。常见的传递关系有"在……前""在……后""相等""平行"等。

（2）反传递关系

对于任意对象 a、b 和 c，如果 a 对 b 有 R 关系，而且 b 和 c 有 R 关系，那么，a 和 c 一定没有 R 关系，那么，这种 R 关系就是反传递关系。或者说，对于 X 类中的任意对象 a、b 和 c 而言，如果公式"aRb"和"bRc"成立，而"aRc"一定不成立，那么，关系 R 在 X 类中是反传递关系。如，"老王是大王的父亲，大王是小王的父亲，老王就一定不是小王的父亲"。这个例子中的"父亲"是一种反传递关系。常见的反传递关系有"母亲""年长……岁""大……倍"等。

（3）非传递关系

对于任意对象 a、b 和 c，如果 a 对 b 有 R 关系，而且 b 对 c 有 R 关系，那么，a 和 c 不一定有 R 关系，R 关系就是非传递关系，或者说，对于 X 类中的任意对象 a、b 和 c 而言，如果公式"aRb"和"bRc"成立，而"aRc"不一定成立，即可能成立，也可能不成立，那么，关系 R 在 X 类中就是非传递关系。如，"小王和小李是好朋友，小李和小孙是好朋友，那么，小王与小孙是不是好朋友则不一定"。这个例子中的"好朋友"就是一种非传递关系。常见的非传递关系有"认识""相邻""喜欢""同学"等。

二、关系推理

关系推理是由关系命题作为前提和结论，根据"关系"的逻辑性质所进行的推理。如"小王和小张是同学，所以，小张和小王是同学"。

根据关系推理的前提是否含有性质命题，关系推理可分为纯关系推理和混合关系推理。

（一）纯关系推理

纯关系推理是前提和结论都为关系命题的推理。它包括对称性关系推理和传递性关系推理。

1.对称性关系推理

对称性关系推理是依据关系对称性的逻辑性质进行的推理。它包括对称关系推理和反对称关系推理。

（1）对称关系推理

对称关系推理是依据对称关系进行的推理。

比如，小王是小李的同事，所以，小李是小王的同事。

其推理结构式为：

$$\frac{aRb}{\text{所以，bRa}}$$ 或写作： $aRb \to bRa$

（2）反对称关系推理

反对称关系推理是根据反对称关系进行的推理。

比如，一吨黄金的体积小于一吨铁的体积，所以，一吨铁的体积不小于一吨黄金的体积。

其推理结构式为：

$$\frac{aRb}{\text{所以，b\overline{R}a}}$$ 或写作： $aRb \to b\overline{R}a$

2.传递性关系推理

传递性关系推理是依据关系传递性的逻辑性质进行的推理。它包括传递关系推理和反传递关系推理。

（1）传递关系推理

传递关系推理是根据传递关系进行的推理。如：

学习中文比学习英文难，

学习英文比学习法文难，

所以，学习中文比学习法文难。

其推理的结构式为：

$$\frac{\begin{array}{c}aRb\\bRc\end{array}}{\text{所以，aRc}}$$ 或写作： $((aRb) \wedge (bRc)) \to aRc$

（2）反传递关系推理

反传递关系推理是根据反传递关系进行的推理。如：

5 比 3 大 2,

3 比 1 大 2,

所以,5 比 1 不是大 2。

其推理结构式为:

aRb

bRc

所以,a$\overline{R}$c

或写作:

$$((aRb) \wedge (bRc)) \rightarrow a\overline{R}c$$

(二)混合关系推理

混合关系推理是大前提和结论是关系命题,小前提是性质命题的推理。由于这种推理同三段论一样包含三个命题和三个项,因此也叫关系三段论,其一般结构形式为:

所有的 a 与 b 有关系 R,

c 是 a,

所以,c 与 b 有关系 R。

例如:

我们相信一切科学,

马克思主义是科学,

所以,我们相信马克思主义。

混合关系推理的规则如下:

(1)中项在前提中至少周延一次;

(2)在前提中不周延的项,在结论中不得周延;

(3)如果前提中的关系命题是肯定(或否定)的,则结论中的关系命题也应是肯定(或否定)的;

(4)前提中的性质命题必须是肯定的;

(5)如果关系的性质不是对称的,那么在前提中做关系者项(后项)的那个概念在结论中也应做关系者项(后项)。

一个混合关系的推理,只有遵循上述推理规则才是正确有效的。违反其中任何一条规则,都是错误的。如:

我们反对以权谋私，

非领导干部贪污不是以权谋私，

所以，我们不反对非领导干部贪污。

这就是一个错误的混合关系推理，它违反了规则（4）关于"前提中的性质命题必须是肯定的"规则，所以是错误的。

第二节　模态命题及其推理

一、模态命题

模态命题是断定事物情况必然性或可能性的命题。换言之，模态命题就是包含有"必然""可能"等模态词的命题。例如：

（1）正义的战争必然获得最终的胜利。

（2）他们可能是同学。

例（1）中含有模态词"必然"；例（2）中含有模态词"可能"，因此，这两个语句都是模态命题。

模态命题不同于简单命题和复合命题，它既不考察事物的性质，也不考察事物情况之间的关系，而着重考察事物的状态。即对象具有不具有某种性质，是可能的，还是不可能的；是必然的，还是或然的。

（一）模态命题的种类

模态命题可以根据其是断定事物情况的必然性还是可能性，分为必然模态命题和可能模态命题两种类型。

1.必然模态命题

必然模态命题是断定事物必然性的命题，换言之，就是含有"必然"模态词的命题。这类命题根据对事物情况的必然性作肯定还是否定判断，又可分为必然肯定命题和必然否定命题两种。例如：

（1）中国的现代化建设必然取得成功。

（2）认识必然不会停留在一个水平上。

例（1）是必然肯定命题，它对"中国的现代化建设取得成功"的必然性作了肯定的断定。必然肯定命题的逻辑结构式是：**必然 P**。

现代逻辑一般用符号"□"表示必然，因此"必然 P"又可写作：□ P。

例（2）是必然否定命题，它对对象的情况"认识停留在一个水平上"的必然性作了否定的断定。必然否定命题的逻辑结构式是：**必然非 P**。

现代逻辑一般用符号"□¬"表示"必然非"，因此，"必然非 P"又可写作：□¬P 或 □P̄。

2. 可能模态命题

可能模态命题是断定事物情况可能性的命题，换言之，就是含有"可能"模态词的命题。这类命题也可分为可能肯定命题和可能否定命题两种。例如：

（1）货币发行量规模过大可能引起财政赤字。

（2）有的企业可能还不是市场的主体。

例（1）是一个可能肯定命题，它对事物情况"货币发行量过大引起财政赤字"的可能性作了肯定的断定。这类命题的逻辑结构式是：**可能 P**。

现代逻辑一般用符号"◇"表示"可能"，因此，"可能 P"又可写作：◇ P。

例（2）是一个可能否定命题，它对事物情况"有的企业是市场主体"的可能性作了否定的断定。这类命题的逻辑结构式为：**可能非 P**。

现代逻辑一般用符号"◇¬"表示"可能非"，因此，"可能非 P"又可写作：◇¬P 或 ◇P̄。

（二）模态命题之间的真假关系

与 A、E、I、O 四种性质命题之间的真假关系相类似，具有同一素材的"必然 P""必然非 P""可能 P"和"可能非 P"之间也具有一种对当关系，也可以用模态方阵来表示（如图 4-1）。

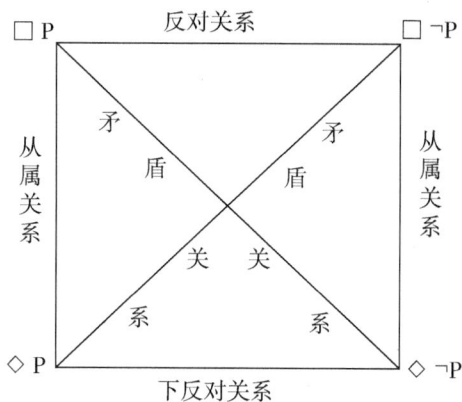

图 4-1 模态方阵图

由此可见：

（1）□P与□¬P：可同假，不可同真。（反对关系）

（2）□P与◇P、□¬P与◇¬P：上位真则下位真；下位假则上位假；上位假则下位真假不定；下位真则上位真假不定。（从属关系）

（3）◇P与◇¬P：可同真，不可同假。（下反对关系）

（4）□P与◇¬P、□¬P与◇P：一真必有一假，一假必有一真。（矛盾关系）

二、模态推理

模态推理是根据模态命题的逻辑性质，以模态命题作为前提的推理。如，"正义的事业必然会取得胜利，我们的事业是正义的事业，所以，我们的事业必然会取得胜利"。

模态推理的类型有很多，这里我们主要介绍对当模态推理和模态三段论两种。

（一）对当模态推理

对当模态推理是根据模态方阵来进行模态命题之间的演绎推理，主要有以下几种形式：

1. 必然P→不可能非P

如，"不按客观规律办事必然要受到规律的惩罚，所以，不按客观规律办事不可能不受到规律的惩罚"。

2. 可能非P→不必然P

如，"老王可能不是工人，所以老王不必然是工人"。

3. 必然非P→不可能P

如，"不好好学习科学知识必然不能取得好成绩，所以，不好好学习科学知识不可能取得好成绩"。

4. 可能P→不必然非P

如，"今天可能天晴，所以，今天不必然不天晴"。

5. 必然P→不必然非P

如，"事物必然包含矛盾，所以，事物不必然不包含矛盾"。

6. 必然非P→不必然P

如，"不加强管理必然不能提高产品质量，所以，不加强管理不必然能提高产品质量"。

7. 必然 P →可能 P

如，"我国的现代化建设必然成功，所以，我国的现代化建设可能成功"。

8. 必然非 P →可能非 P

如，"损害人民利益的行为必然不受欢迎，所以，损害人民利益的行为可能不受欢迎"。

9. 不必然 P →可能非 P

如，"今天天气很好不必然下雨，所以，今天天气很好可能不会下雨"。

10. 不可能非 P →必然 P

如，"他生病了不可能不去医院，所以，他生病了必然去医院"。

11. 不必然非 P →可能 P

如，"她心情很好不必然不去购物，所以，她心情很好可能去购物"。

12. 不可能 P →必然非 P

如，"保持好心态不可能抑郁，所以，保持好心态必然不抑郁"。

13. 不可能 P →可能非 P

如，"今天艳阳高照不可能下雨，所以，今天艳阳高照可能不会下雨"。

14. 不可能非 P →可能 P

如，"他生病了不可能不去医院，所以，他生病了可能去医院"。

15. 不可能 P →不必然 P

如，"他很健康不可能去医院，所以，他很健康不必然去医院"。

16. 不可能非 P →不必然非 P

如，"他那么努力不可能不及格，所以，他那么努力不必然不及格"。

（二）模态三段论

模态三段论是在三段论系统中引进模态词所构成的三段论。其主要形式有必然模态三段论、可能模态三段论和混合三段论。

1. 必然模态三段论

必然模态三段论是在三段论中引进"必然"这一模态词所构成的三段论。以 AAA 式为例：

破坏生态平衡必然会使农业减产，

破坏植被必然会破坏生态环境，

所以，破坏植被必然会使农业减产。

其推理的结构形式是：

所有 M 必然是 P，

所有 S 必然是 M，

所以，所有 S 必然是 P。

2. 可能模态三段论

可能模态三段论是在三段论中引进"可能"这一模态词所构成的三段论。

以 AAA 式为例：

企业加强管理可能会扭亏为盈，

A 企业可能会加强管理，

所以，A 企业可能会扭亏为盈。

其结构式为：

所有的 M 可能是 P，

所有的 S 可能是 M，

所以，所有的 S 可能是 P。

3. 混合模态三段论

混合模态三段论是在三段论中同时引进两个不同的模态词所构成的三段论。

其主要形式是必然和可能两种模态结合的三段论。这种形式的三段论形式如下：

M 必然是 P，

S 可能是 M，

所以，S 可能是 P。

如：

减少活劳动耗费可能会提高经济效益，

提高工人的技术熟练程度必然减少活劳动耗费，

所以，提高工人技术熟练程度可能会提高经济效益。

模态三段论必须遵守三段论的规则。混合模态三段论中如果前提中有可能
命题，结论只能是可能命题。

📖复习思考题

1. 什么是关系命题？关系命题由哪几部分组成？

2. 什么是关系推理？常见的关系推理有哪几种类型？

3. 什么是模态命题？简述模态命题的种类及其相互关系。

4. 什么是模态推理？简述模态推理的种类及其有效式。

📖思维训练题

一、从对称性和传递性两方面分析下列关系命题中的关系项各表示了何种关系。

1. 老王与小王是<u>父子</u>。

2. 老王<u>了解</u>老孙。

3. 老赵比老刘<u>年长两岁</u>。

4. 他<u>喜欢</u>他的弟弟。

5. A 概念<u>真包含</u> B 概念。

6. A 概念与 B 概念<u>全异</u>。

7. 甲队<u>战胜</u>了乙队。

8. 大家都<u>羡慕</u>学术上有成就的人。

二、下列推理是哪种关系推理？是否有效？为什么？

1. 小李家离人民公园只有 300 米，小王家离人民公园也只有 300 米，所以，小李家离小王家也只有 300 米。

2. 机构改革不等于人事变动，所以，人事变动也不等于机构改革。

3. 在团委组织的象棋比赛中，小张同学战胜了小陈同学，小陈同学战胜了小赵同学，所以，小张同学是第一名，小陈同学是第二名，小赵同学是第三名。

4. 甲认识乙，所以，乙认识甲。

5. A 相信 B，B 相信 C，所以，A 一定也相信 C。

6. 所有好学生都孝顺父母，王明是好学生，所以，王明孝顺父母。

7. 我们反对考试舞弊，考生不按时交卷不是考试舞弊，所以，我们不反对考试不按时交卷。

8.甲和乙是朋友，乙和丙是朋友，所以，甲和丙是朋友。

三、下列四组模态命题，已知每组第一个命题为真，请指出其他三个命题的真假。

1.①陈强必然不能夺得 100 米决赛的冠军。

②陈强必然夺得 100 米决赛冠军。

③陈强可能夺得 100 米决赛冠军。

④陈强不可能夺得 100 米冠军。

2.①这个动物园可能有熊猫。

②这个动物园必然有熊猫。

③这个动物园不可能有熊猫。

④这个动物园必然没有熊猫。

3.①全国大学生篮球决赛必然在南昌举行。

②全国大学生篮球决赛必然不在南昌举行。

③全国大学生篮球决赛可能在南昌举行。

④全国大学生篮球决赛不可能在南昌举行。

4.①明天不可能下雨。

②明天可能下雨。

③明天必然下雨。

④明天必然不下雨。

四、下列各组命题是否等值？为什么？

1.①美国黄石公园可能有棕熊。

②美国黄石公园不必然没有棕熊。

2.①徒弟不可能超过师傅。

②徒弟不可能不超过师傅。

3.①生物界必然形成生物圈。

②生物界不形成生物圈是不可能的。

4.①明天小王可能不来参加会议。

②明天小王可能来参加会议。

📖 巩固与拓展

一、单项选择题

1.在超市购物后，王明把七件商品放在超市的传送带上，肉松后面紧跟着蛋糕，酸奶后面接着放的是饼干，汽水紧跟在果汁后面，开心果后面紧跟着酸奶，肉松和饼干之间有两件商品，开心果和果汁之间有两件商品，最后放上去的是一只蛋糕。

如果上述陈述为真，那么，以下哪项也为真？（　　　）

（1）果汁在倒数第三位置上。

（2）酸奶放在第二。

（3）汽水放在中间。

A.只有（1）　B.只有（2）　C.只有（1）和（2）　D.只有（1）和（3）

2.小王、小李、小张早起准备去爬山。天气预报说，今天可能下雨。围绕天气预报，三个人争论起来。

小王："今天可能下雨，那并不排斥今天可能不下雨，我们还是去爬山吧。"

小李："今天可能下雨，那就表明今天要下雨，我们还是不去爬山吧。"

小张："今天可能下雨，只是表明今天不下雨不具有必然性，去不去爬山由你们决定。"

对天气预报的理解，三个人中：（　　　）

A.小王和小张正确，小李不正确　　　B.小王正确，小李和小张不正确

C.小张正确，小王和小李不正确　　　D.小李正确，小王和小张不正确

3.不可能道尔公司和飞翔公司都没有中标。

以下哪项最为准确地表达了上述断定的意思？（　　　）

A.道尔公司和飞翔公司可能都中标

B.道尔公司和飞翔公司至少有一个可能中标

C.道尔公司和飞翔公司必然都中标

D.道尔公司和飞翔公司至少有一个必然中标

4.疫情期间有关要"封城"的传闻很多。这天傍晚，小明问爷爷："爷爷，他们都说明天要'封城'了。"爷爷说："根据我的判断，明天不必然'封城'。"

小明说："那您的意思是明天肯定不会'封城'了。"爷爷说不对。小明陷入了沉思。

以下哪句话与爷爷的意思最为接近？（　　　）

A.明天必然不"封城"　　　　　　B.明天可能"封城"

C.明天可能不"封城"　　　　　　D.明天不可能"封城"

5.在新疆恐龙发掘现场，专家预言：可能发现恐龙头骨。

以下哪个命题和专家意思相同？（　　　）

A.不可能不发现恐龙头骨　　　　B.不一定发现恐龙头骨

C.恐龙头骨的发现可能性很小　　D.不一定不发现恐龙头骨

6.不可能所有的错误都能避免。

以下哪项最接近上述断定的含义？（　　　）

A.所有的错误必然都不能避免　　B.所有的错误可能都不能避免

C.有的错误可能不能避免　　　　D.有的错误必然不能避免

7.在"逻辑学"课程期末考试中，陈文的分数比朱利低，但是比李强的分数高，宋颖的分数比朱利和李强的分数低；王平的分数比宋颖的高，但是比朱利的低。

如果以上陈述为真，根据下列哪项能够推出张明的分数比陈文的分数低？（　　　）

A.陈文的分数和王平的分数一样高。

B.王平的分数和张明的分数一样高。

C.张明的分数比宋颖的高，但比王平的低

D.王平的分数比张明的高，但比李强的低

8.有A、B、C、D四个有实力的排球队进行循环赛（每个队与其他队各比赛一场），比赛结果：B队输掉一场，C队比B队少赢一场，而B队又比D队少赢一场。

关于A队的名次，下列哪一项为真？（　　　）

A.第一名　　　　B.第二名　　　　C.第三名　　　　D.第四名

9.张萌获得的奖金比谈振宇的高，得知魏鑫的奖金比王晓丽的高后，可知张萌的奖金也比王晓丽的高。

以下各项假设均能使上述推断成立，除了（　　　）

A.魏鑫的奖金比张萌的高　　　　B.谈振宇的奖金比王晓丽的高

C.谈振宇的奖金比魏鑫的高　　　　D.谈振宇的奖金和魏鑫的一样

二、综合分析题

所谓"信息烟囱"，意指相互之间不能进行操作或协调的信息系统。在基层治理中，常被用以喻指政府内部各部门之间信息壁垒森严，政务信息自搞一套、自成体系，一个部门一个"烟囱"，"烟囱"与"烟囱"之间互不连通。

基层治理中的"信息烟囱"多体现为，纵向上各级垂直管理部门建设的政府信息系统彼此独立，横向上各部门、各业务"条块"自建系统、管理分散。从对基层政府治理实践的影响看，当前条块分割、重复建设的"信息烟囱"存在两个问题：

在政府层面，内部林立的"信息烟囱"制约基层治理效能的提升。"信息烟囱"背后是部门之间的信息壁垒，意味各部门信息系统处于碎片化的低关联状态。

一方面，这容易导致不同基层政府部门的信息系统建设"各自为政"，在信息资源的使用上缺少统一的开发利用，存在软硬件信息系统的重复建设、人力的重复性劳动等问题，在增加政府运营成本、浪费行政资源的同时，更制约着不同政府部门之间的沟通协同。

另一方面，信息的隔离成了基层政府不堪重负和形式主义泛滥的一个诱因。"信息烟囱"既增加了单一政府部门的信息统计量，也加剧了上下级政府之间、不同政府部门之间的信息不对称，使得上级政府更加依赖于通过层层检查、频繁考核的方式加强对下级政府的管理，进而导致基层政府不愿为、不能为，从而滋生"表格主义"、形式主义等现象。

在社会层面，基层"信息烟囱"的存在极大地增加了公众负担。

基层政府部门之间的信息壁垒反映在社会影响层面，体现为公众办理政务服务事项的繁琐性。由于不同政府部门之间存在"信息烟囱"，而公共事务又往往同时涉及多个不同的政府部门，公众办理各类证明、审批等事项时，常常要跑遍数个部门，重复交表、多次往返。这在客观上增加了公众的时间、精力等成本，这也是公众对政府办事流程、服务质量等满意度不高的一个底层诱因。

同时，部门信息分割导致的信息不透明、办事流程冗长以及审批层次扩大化等问题，也衍生出更多的部门寻租空间，为基层官员贪腐行为、各类"微腐败"的滋生提供了温床。概言之，基层"信息烟囱"的林立不仅制约基层治理的高效化、精准化，还在反面扩大了基层治理的灰色空间。

而"信息烟囱"之所以难以拆除，一方面是部门本位主义的利益分割使然，另一方面是因为政府"条块"之间权责关系不够明晰。为此，应当通过顶层驱动与技术支撑并行、正向引领与负向倒逼结合，进行多措并举、统筹兼顾的整体性治理，破解基层"信息烟囱"背后的系统性困局，打通提升基层治理效能的"最后一公里"。

资料来源：文宏《提升基层治理效能须破除"信息烟囱"》

（中共理论网，2020 年 8 月 20 日）

请根据以上资料分析"信息烟囱"的表现及深层次原因，并提出有针对性的解决方案。

第五章 复合命题及其推理

本章介绍各种复合命题和复合命题推理。为了讲解和学习的方便，每介绍完一种复合命题，就会紧接着介绍其推理。本章主要内容包括联言命题及其推理、选言命题及其推理、假言命题及其推理、负命题及其推理以及二难推理等。本章篇幅较长，内容较为重要。学好本章的知识，对于提高分析和解决问题的能力，培养逻辑素质，大有裨益。在学习本章过程中，要注意掌握各种复合命题的定义、组成、逻辑性质以及依据其逻辑性质进行推理的有效式。同时，要能理解不同复合命题之间的转换，如负命题等值命题的表达方式、三种条件关系假言命题间的转换、递否命题的等值转换等。此外，要能够运用复合命题推理解决实际生活中的问题。

第一节 复合命题概述

一、什么是复合命题

复合命题是指一个命题本身还包含着其他命题的命题。例如：

（1）尽管新冠疫苗已在多国大规模接种，但全球疫情依然持续。

（2）如果不反腐败，我们就会有亡党亡国的危险。

（3）老王或者是教师，或者是医生。

以上三个都是复合命题。它们本身都包含着其他命题。如例（1）中包含了"新冠疫苗已在多国大规模接种"和"全球疫情依然持续"两个简单命题。例（2）中包含了"不反对腐败"和"会有亡党亡国的危险"两个简单命题。例（3）包含了"老王是教师"和"老王是医生"两个简单命题。

二、复合命题的特点

复合命题有以下几个特点：

第一，复合命题是由两个或两个以上的简单命题组成。其基本单位是简单命题，组成复合命题的简单命题称为支命题。如例（3）"老王是教师""老王是医生"就是支命题，它是由两个支命题构成的一个复合命题。

第二，复合命题是由支命题和逻辑联结词（也称逻辑联结项）构成的。不同的联结词，显示出复合命题的不同逻辑性质，从而将复合命题划分为不同类型。如例（3）这个复合命题是由"或者……或者……"这一逻辑联结词，将"老王是教师"和"老王是医生"两个支命题联结起来，构成一个复合命题。

第三，复合命题的真假是由其支命题的真假来确定的。如例（3）这个命题的真假，就是由"老王是教师"和"老王是医生"这两个支命题的真假来确定的。如果事实表明"老王是教师"这个支命题是假的，即老王不是教师，同时事实表明"老王是医生"这个支命题也是假的，即老王也不是医生，那么例（3）就是一个虚假命题。如果其中有一个支命题是真的，那么，这个复合命题就是一个真实命题。

三、复合命题的类型

根据联结项的不同，复合命题可分为联言命题、选言命题、假言命题、负命题、多重复合命题等。而每一个复合命题种类中，大都可以细分为不同的类别。如选言命题可分为相容选言命题和不相容选言命题；假言命题可分为充分条件假言命题、必要条件假言命题和充分必要条件假言命题等。

第二节　联言命题及其推理

一、联言命题

（一）什么是联言命题

联言命题是反映若干对象情况共同存在的命题。例如，"马克思主义理论不是教条，而是行动的指南"，这个命题肯定了"马克思主义理论不是教条"，同时也肯定了"马克思主义理论是行动的指南"。

联言命题是由支命题和联言联结词两部分构成的，其支命题至少有两个，称为联言支。如果用"p""q"等表示联言命题的支命题，用"并且"表示联言命题的联结词，那么，联言命题的逻辑结构式是：p 并且 q。

在现代逻辑中，联言命题的联结词"并且"用符号"∧"（读作"合取"）表示。这样联言命题的逻辑结构式也可写作：$p \wedge q$。

联言命题联结词的汉语语言表达方式是多种多样的。如，"并且""既是……又是……""不但……而且……""虽然……然而……""不仅……还……"等。在实际生活中，人们还经常省略联言命题的联结词，如，"勤学苦练"。有时也常省略支命题中的主项或谓项，如，"在知识不断更新的今天，不论是大学生，还是青年学生，都要努力学习新的知识"。这个联言命题就省略了联言命题前一个支命题的谓项，即"要努力学习新的知识"。

（二）联言命题真假的确定

联言命题的基本特征是各支命题间的共存性。因此，一个真实的联言命题，必须是构成这个联言命题的所有支命题同时都是真的。也就是说，只要有一个联言支是假的，那么整个联言命题为假。根据联言命题与联言支的这种逻辑关系，联言命题的逻辑值（即真假值）与联言支的逻辑值的关系（即真假制约关系）可以用表 5–1 来表示。

表 5–1　联言命题与联言支的真假逻辑关系

p	q	$p \wedge q$
真	真	真
真	假	假
假	真	假
假	假	假

逻辑学将上面的表格称之为"真值表"。一个复合命题的真值表，反映了一个复合命题的真假之间的关系。

二、联言推理

（一）什么是联言推理

联言推理是前提或结论是联言命题，并根据联言命题的逻辑性质进行推演的推理。如：

中国是一个社会主义国家，

中国是一个发展中国家，

所以，中国是一个发展中的社会主义国家。

这就是一个联言推理，它的结论是一个联言命题。

联言推理可以依据前提推导出的结论不同，将其分为分解式和组合式两种类型。

（二）联言推理的有效式

1.分解式

分解式是前提为联言命题的联言推理。它是根据前提中联言命题为真推出任一支命题为真的联言推理。

分解式的一般逻辑结构式为：

p并且q，　　　　　　　p并且q，

所以p。　　　或　　　所以q。

即：

p ∧ q　　　　　　　　p ∧ q

∴ p　　　或　　　　∴ q

或写作：（p ∧ q）→ p 和（p ∧ q）→ q。

例如：

教师的责任是教书育人，

所以，教书是教师的责任。

2. 组合式

组合式是结论为联言命题的推理形式。它是根据所有联言支为真推出联言命题为真的联言推理。

组合式的一般逻辑结构为：

$$
\begin{array}{ll}
\text{p,} & \quad\text{即：} \quad\quad \text{p,} \\
\underline{\quad\text{q,}\quad\quad} & \quad\quad\quad\quad \underline{\quad\text{q,}\quad} \\
\text{所以，p 并且 q。} & \quad\quad\quad \therefore\ p \land q
\end{array}
$$

或写作：（p，q）→（p ∧ q）。

例如：

郭沫若是历史学家，

<u>郭沫若是文学家，</u>

所以，郭沫若既是历史学家又是文学家。

从联言命题的性质可以知道，如果联言命题真，那么所有的联言支为真；如果所有的支命题都为真，则联言命题真。因此，我们可以从一个联言命题真，推出其任一支命题为真，也可以从所有支命题真推出整个联言命题真。前者就是联言推理的分解式，它能使总体认识进入强调或突出其中某一部分；后者就是联言推理的组合式，它能使人们对事物各方面的认识进入对事物总体或整体的认识。

第三节　选言命题及其推理

一、选言命题

（一）什么是选言命题

选言命题是反映若干对象情况至少有一种情况存在或只能有一种情况存在的命题。例如：

（1）中华人民共和国不承认中国公民具有双重国籍,定居外国的中国公民,要么保留中国国籍，要么取得外国国籍。

（2）他是诗人或是画家。

这两个命题都是选言命题。例（1）断定了"保留中国国籍"和"取得外国国籍"这两种情况只能有一种情况存在；例（2）断定了"诗人"和"画家"这两种情况至少有一种情况存在。

汉语中的选择复句，常用来表示选言命题。在语言表述过程中，选言命题常常有省略的情况。如，"或是美国女足，或是中国女足，是冠军"，这个命题就省略了部分选言支的谓项。又如，"一个三角形不外是直角三角形、锐角三角形、钝角三角形"，这个命题省略了联结项"要么"和部分选言支的主项。这里要注意的是，这种省略只是语言表述上的省略，但在逻辑结构上是不能省略的。

（二）选言命题的种类

由于选言命题中选言支之间存在着可以并存和不能并存这两种情况，据此，选言命题可分为两种不同的类型：相容选言命题和不相容选言命题。

1. 相容选言命题

相容选言命题是其选言支至少有一个为真并且可以同真的选言命题。如，"他高考未被录取，或因政审不合格，或因体检不合格，或因成绩不合格，或因不合择优原则"，这个相容选言命题的四个选言支并不相互排斥，而是可以同真的。"他高考未被录取"的原因可能是一个方面，也可能是两个方面，甚至四个方面兼而有之。

相容选言命题的基本特性是：**各支至少一真，可以都真，但不能都假**。就是说，一个真实的相容选言命题，至少一个选言支为真。

如果用"p""q"等表示选言支，用"或""或者"表示逻辑联结词，则相容选言命题的逻辑结构式是：**p 或 q**。

在现代逻辑中，"或""或者"用符号"∨"（读作"析取"）表示，这样相容选言命题的逻辑结构式可以写作：p ∨ q。

相容选言命题的联结项在逻辑上常用"或""或者"表示，但是在语言表达方式上是多种多样的，如"也许……也许……""可能……可能……""或者……或者……"等。

根据相容选言命题的逻辑性质，我们可以确定相容选言命题的逻辑值。其逻辑值体现在 p ∨ q 的真值表中（如表5-2）。

表 5-2 相容选言命题真值表

p	q	p ∨ q
真	真	真
真	假	真
假	真	真
假	假	假

由表 5-2 可直观地看出，相容选言命题为假，当且仅当各支都假；其余情况下，它都为真。

2. 不相容选言命题

不相容选言命题，就是其选言支有且只有一个为真的选言命题。如，"他们之间的斗争，不是鱼死，就是网破"，在这个不相容选言命题中，"鱼死"和"网破"互不相容，彼此不能同真。

不相容选言命题的基本特性是：**各选言支只能有一个为真，不能同真。**即选言支之间相互排斥，彼此不相容，不可同真。如果用"p""q"等表示选言支，用"要么……要么……"表示逻辑联结词，则不相容选言命题的逻辑结构式为：**要么 p，要么 q。**

在现代逻辑中，不相容选言联结词"要么……要么……"一般用符号"∨（读作"不相容析取"）表示。因此，不相容选言命题的逻辑结构式又可写作：p ∨ q。

不相容选言命题的联结项，在逻辑上常用"要么……要么……"表示，但是它的语言表达方式是多种多样的。如，"不是……就是……""或者……或者……二者不可兼得""宁可……也不……"等。

根据不相容选言命题的逻辑性质，我们可以确定不相容选言命题的逻辑值。其逻辑值体现在 p ∨ q 的真值表（表 5-3）中。

表 5-3 不相容选言命题真值表

p	q	p ∨ q
真	真	假
真	假	真
假	真	真
假	假	假

由表 5-3 可直观地看出，不相容选言命题为真，当且仅当一支为真；除

一支为真的情况外，其余情况下，一概为假。

在这里要特别提醒的是，我们在运用不相容选言命题时，一定要注意选言支的穷尽问题。因为一个不相容选言命题的所有选言支，在一定范围内反映了事物的各种可能性，如果选言支没有穷尽，或有遗漏，有时恰恰是遗漏了那种真实的可能，会导致整个命题的虚假。

例如，"人的血型要么是 A 型，要么是 B 型，要么是 AB 型，要么是 O 型"，如果这个人的血型恰恰是 RH 型，则上面这个不相容选言命题则因为选言支没有穷尽，导致整个命题虚假。

二、选言推理

选言推理是前提中有一个选言命题，并依据选言命题的逻辑性质进行的推理。例如：

他是诗人或是画家，

他不是诗人，

所以他是画家。

这就是一个选言推理，它的前提中有一个选言命题，而且是根据选言命题的性质进行的推理。

选言推理可以根据前提中选言命题的支命题之间是否相容，分为两种类型：相容选言推理和不相容选言推理。

（一）相容选言推理

相容选言推理是前提中有一个是相容选言命题，并根据相容选言支之间的关系进行推演的推理。我们知道相容选言命题的特点，在于选言支之间的关系是相容的，即可以同时为真。由此，相容选言推理有两条规则：

（1）否定一部分选言支，就要肯定另一部分选言支；

（2）肯定一部分选言支，不能否定另一部分选言支。

根据规则，相容选言推理只有一个正确有效式：否定肯定式。

其推理结构式为：

p 或者 q，   即： $p \lor q$，

非 p， $\bar{p}$，

所以，q。 $\therefore q$

或写作：$((p \lor q) \land \bar{p}) \to q$。

例如：

一个推理错误，或是因为推理形式不正确，或是因为前提不真实，

这个推理错误，不是因为前提不真实，

所以这个推理错误，是因为推理形式不正确。

需要注意的是，相容选言推理的有效式没有肯定否定式。因为相容选言命题的选言支是可以同真的，所以不能由肯定其中的一部分，来否定另一部分。如上例中选言支"推理形式错误"和"前提不真实"在一个错误的推理中是可以同时存在的，不能由"前提不真实"而推出"推理形式一定正确"。

（二）不相容选言推理

不相容选言推理是前提中有一个是不相容选言命题，并根据不相容选言支之间的关系进行推演的推理。不相容选言命题的特点在于其支命题之间的关系是不能并存的，或者说是不能同时为真的。依据不相容选言命题的这一逻辑特性，我们可以得出不相容选言推理的两条规则：

（1）否定一部分选言支，就要肯定另一部分选言支；

（2）肯定一部分选言支，就要否定另一部分选言支。

根据规则，不相容选言推理有两个正确有效的推理形式：否定肯定式和肯定否定式。

1. 否定肯定式

否定肯定式是在小前提中否定不相容选言命题的一个选言支，从而在结论中肯定另一个选言支的推理。其推理结构如下：

要么 p，要么 q，　　　　　　即：　$p \veebar q$，

非 p，　　　　　　　　　　　　　$\bar{p}$，

所以，q。　　　　　　　　　　　∴ q

或写作：$((p \veebar q) \land \bar{p}) \to q$。

例如：

"无产阶级"这一概念要么是正概念，要么是负概念，

"无产阶级"这一概念不是负概念，

所以，"无产阶级"这一概念是正概念。

2. 肯定否定式

肯定否定式是在小前提中肯定不相容选命题的一个选言支，从而在结论中否定另一个选言支的推理。其推理结构如下：

要么 p，要么 q，　　　　　　即：　　　　p ∨ q，

p，＿＿＿＿＿＿＿＿＿　　　　　　　　　　p，＿＿＿＿＿

所以，非 q。　　　　　　　　　　　　　∴ q̄

或写作：((p ∨ q) ∧ p) → q̄。

例如：

"无产阶级"这一概念要么是正概念，要么是负概念，

"无产阶级"这一概念是正概念，＿＿＿＿＿＿＿＿＿

所以，"无产阶级"这一概念不是负概念。

第四节　假言命题及其推理

一、假言命题

（一）什么是假言命题

假言命题是反映某事物情况是另一事物情况存在条件的命题。由于假言命题是反映事物情况之间条件联系的，因此，假言命题又称条件命题。例如：

（1）如果天下雨，那么地上湿。

（2）只有大力发展高新技术，才能赶超世界先进水平。

（3）当且仅当一个数能被 2 整除时，这个数才是偶数。

从上面三个例子可以看出，假言命题由两个支命题和假言联结词组成。两个支命题中，一个表示条件，一般的位置是在前面，逻辑上称为"前件"，通常用"p"表示。如例（1）中的"天下雨"、例（2）中的"大力发展高新技术"、例（3）中的"能被 2 整除的数"。另一个支命题表示后果，一般位置在后面，逻辑上称为"后件"，通常用"q"表示。如例（1）中的"地上湿"、例（2）中的"赶超世界先进水平"、例（3）中的"偶数"。联结词是用来联结前件和后件的词项。如例（1）中的"如果……那么……"、例（2）中的"只有……

才……"、例（3）中的"当且仅当……才……"。

假言命题在汉语中一般由假设复句和条件复句来表达。由于实际表述中假言命题的语言形式很灵活，我们在分析和识别假言命题时，应当注意以下几个问题：

第一，语句形式不是识别假言命题的唯一标志。如"如果说他上个学期学习不努力的话，那么，这个学期他学习非常用功了"。这个语句中，虽然也有"如果……那么……"这样的关联词，但在这里并没有条件关系，而是两种情况的对比说明。因此，这个语句不是假言命题，"上个学期学习不努力"也不是"这个学期学习非常用功"的条件。

第二，前后件的位置不是固定不变的。我们在前面说过，在假言命题中，一般是前件（条件）在前，后件（后果）在后，但这只是一般情况，有时为了突出后果，也可以在表述时把后件放在前面。如，"他的学习成绩也是可以赶上去的，如果他学习努力的话"。

第三，假言命题的联结项常有省略。如，"平时多流汗，战时少流血""少壮不努力，老大徒伤悲"，这两个命题都省略了假言联结项。

（二）假言命题的种类

由于假言命题是反映事物情况之间的条件关系，因此我们可以根据事物情况间不同的条件关系，将假言命题分为充分条件假言命题、必要条件假言命题和充分必要条件假言命题。

1. 充分条件假言命题

充分条件假言命题，是反映事物的一种情况是另一种情况的充分条件的假言命题。

所谓充分条件，是指在一组条件中，任何一个条件单独存在都可以引起同一后果，那么这一组条件中的任何条件都是这个后果的充分条件。换言之，前件 p 与后果 q 具有下列关系时，前件 p 就是后果 q 的充分条件。这种关系是：

条件 p 存在，后果 q 必定存在（有 p 必有 q）；

条件 p 不存在，后果 q 不必定存在（无 p 未必 q）。

简言之，"有之则必然，无之未必然"。例如，"摩擦"对于"生热"来说，就是一个充分条件。因为，只要"摩擦"这个条件存在，"生热"这个后果就一定存在，至于不"摩擦"是否会"生热"则不确定。因为还有许多其他情况也会导致生热，如燃烧、导电等，这里任何一个条件都是"生热"的充分条件。

充分条件假言命题由前件、后件与联结项组成。其逻辑结构式为：**如果 p，那么 q**。其中，"p"和"q"分别表示假言命题的"前件"和"后件"，"如果……那么……"表示联结项。

在现代逻辑中，"如果……那么……"用符号"→"（读作"蕴含"）表示。因此，充分条件假言命题的逻辑结构式也可以写作：$p \rightarrow q$。

充分条件假言命题的联结项在逻辑上用"如果……那么……"表示，但在实际运用中其语言表达方式比较多样，如"如果……则……""有……就……""……就……""一旦……就……""假若……就……"等。有时也会出现省略联结词的现象。

充分条件假言命题的基本特性是**"有 p 必有 q"**，也就是有前件必有后件。换言之，一个真实的充分条件假言命题，不能有前件而无后件。

充分条件假言命题的逻辑值与前、后件的真假之间的关系体现在 $p \rightarrow q$ 的真值表（表5-4）中。

表5-4　充分条件假言命题真值表

p	q	$p \rightarrow q$
真	真	真
真	假	假
假	真	真
假	假	真

由表5-4可直观地看出，充分条件假言命题为假，当且仅当前件 p 真而后件 q 假；其余情况下，它都是真的。

2. 必要条件假言命题

必要条件假言命题是反映前件是后件的必要条件的假言命题。

所谓必要条件，是指在一组条件中，任何一个条件都不能单独地引起某一后果，同时缺少其中任何一个条件也都不能引起这一后果。这组条件中的任何一个条件都是这一后果的必要条件。换言之，一个条件 p 与后果 q 有下述关系时，这个条件 p 就是后果 q 的必要条件。这种关系是：

条件 p 不存在，后果 q 必定不存在（无 p 则无 q）；

条件 p 存在，后果 q 不必定存在（有 p 未必有 q）。

简言之，"无之必不然，有之未必然"。例如，一定量的水、适当的光照、科学施肥、科学的田间管理等是一组条件。只具备其中一个条件而不具备其他条件时（如只有适当的光照，没有一定量的水、科学施肥、科学的田间管理等），农作物就不能获得好收成。这样，在这一组条件中的任何一个条件都是获得"好收成"的必要条件。

反映事物情况间具有必要条件关系的命题，是必要条件假言命题。例如，"只有实行科学施肥，农作物才能获得好收成"，在这里，"科学施肥"相对于"农作物获得好收成"，它就是必要条件。有了"科学施肥"不一定能获得好收成，因为要获得好收成，需要一系列其他条件，但是，不实行"科学施肥"，则一定没有好收成。在这一系列条件中，任何一个条件都是它的必要条件。

必要条件假言命题是由前、后件和联结项所组成。其逻辑结构式是：**只有 p，才 q**。其中，p、q 分别表示前、后件，"只有……才……"表示联结项。

在现代逻辑中，必要条件假言命题的联结项用符号"←"（读作"逆蕴含"）表示。因此，其结构式也可以写作：p ← q。

必要条件假言命题的联结项，我们在逻辑上用"只有……才……"表示，但是在实际运用中，其语言表达方式也是多种多样的，如"除非……不……""除非……才……""不……不……""没有……就没有……"等。

必要条件假言命题的基本特性是**"无 p 则无 q"**，也就是没有前件必然没有后件，即前件 p 假后件 q 必假；一个为真的必要条件假言命题，并非前件假而后件真。

必要条件假言命题的逻辑值与前、后件的真假之间的关系体现在 p ← q 的真值表（表 5-5）中。

表 5-5　必要条件假言命题真值表

p	q	p ← q
真	真	真
真	假	真

续表

p	q	p ← q
假	真	假
假	假	真

由表 5-5 可直观地看出，必要条件假言命题为假，当且仅当前件 p 假而后件 q 真；其余情况下，它都是真的。

3. 充分必要条件假言命题

充分必要条件假言命题是反映某事物情况是另一事物情况的充分必要条件的假言命题。就是说，它是对前两种条件命题的合取。这种命题的前件对后件既是充分的又是必要的。

充分必要条件是对客观世界中唯一条件联系的反映。即某条件必导致一个特定结果，这一特定结果必是某条件而不是其他条件引发的。换言之，一个条件 p 与后果 q 有下述关系时，这个条件 p 就是后果 q 的充分必要条件。这种关系是：

条件 p 存在，后果 q 必然存在（有 p 必有 q）；

条件 p 不存在，后果 q 就必然不存在（无 p 必无 q）。

简言之，"有之则必然，无之必不然"。例如，"当且仅当一个数能被 2 整除时，它才是偶数"，在这个命题中，"一个数能被 2 整除"与"它是偶数"，就是一种唯一的条件联系。若这个数能被 2 整除则它是偶数；若这个数不能被 2 整除则它不是偶数。

反映事物情况之间的充分必要条件关系的假言命题，就是充分必要条件的假言命题。充分必要条件假言命题也是由前、后件与联结项所组成。其逻辑结构式是：**当且仅当 p，才 q**。其中，p 和 q 分别表示前、后件，"当且仅当……，才……"表示充分必要条件的联结项。

在现代逻辑中，"当且仅当……，才……"用符号"⟷"（读作"等值"）来表示。因此，充分必要条件假言命题的逻辑结构式也可以写作：p ⟷ q。

充分必要条件假言命题的联结项，我们在逻辑上用"当且仅当……，才……"表示，但在实际运用中其语言表达具有多样性。如"如果……那么……

并且只有……才……""只要而且只有……才……""只有并且仅仅只有……才……"等都可表达充分必要条件。

根据充分必要条件假言命题的基本特性，便可确定充分必要条件假言命题的逻辑值。其逻辑值情况体现在 p ⟷ q 的真值表（表5-6）中。

表5-6 充分必要条件假言命题真值表

p	q	p ⟷ q
真	真	真
真	假	假
假	真	假
假	假	真

从表5-6可以直观地看出，前后件一真一假时，命题为假；前后件同真或同假时，命题为真。

4.充分条件假言命题与必要条件假言命题的相互转换

由以上分析，我们可以总结出充分条件假言命题与必要条件假言命题相互转换的规律：

规律一：充分条件假言命题可转换为必要条件假言命题

因为充分条件假言命题断定前件 p 是后件 q 的充分条件，也就是说，前件 p 存在时，后件 q 一定存在；当后件 q 不存在时，前件 p 也不存在，即无 q 也无 p。所以，q 是 p 的必要条件。因此，"如果 p，那么 q"可转换为："只有 q，才 p"。即：

$$(p \rightarrow q) \longleftrightarrow (q \leftarrow p)$$

例如，"如果要搞市场经济，就必须进行一系列改革"，可转换为"只有进行一系列改革，才能搞市场经济"。

规律二：必要条件假言命题也可转换为充分条件假言命题

因为必要条件假言命题是断定前件 p 是后件 q 的必要条件，也就是说，前件 p 不存在时，后件 q 也不存在；当后件 q 存在时，前件 p 就一定存在，即有 q 必有 p。所以，q 是 p 的充分条件。因此，"如果 p，才 q"可转换为"如果 q，那么 p"。即：

$$(p \leftarrow q) \longleftrightarrow (q \rightarrow p)$$

例如，"只有科学施肥，才能获得好收成"，可转换为"如果要获得好收成，那么就要科学施肥"。

二、假言推理

假言推理是前提中有一个假言命题，并且根据假言命题前、后件之间真假制约关系而推出结论的推理。例如：

只有推理形式正确，一个推理才是正确有效的，

这个推理是正确有效的，

所以，这个推理形式正确。

由于有三种假言命题，因此，假言推理也就有三种对应的形式：充分条件假言推理、必要条件假言推理和充分必要条件假言推理。

（一）充分条件假言推理

充分条件假言推理是前提中包含一个充分条件假言命题，并根据前后件的充分条件关系进行推演的假言推理。

根据充分条件假言命题前、后件的真假制约关系，充分条件假言推理的规则如下：

（1）肯定前件必须肯定后件，肯定后件不能肯定前件；

（2）否定后件必须否定前件，否定前件不能否定后件。

根据规则，充分条件假言推理有两个正确有效式：肯定前件式和否定后件式。

1.肯定前件式

肯定前件式是小前提肯定作为大前提的充分条件假言命题的前件，结论肯定其后件的推理。例如：

如果一个联言命题为真，那么所有的联言支为真，

这个联言命题为真，

所以，所有的联言支都为真。

肯定前件式的推理结构为：

如果 p，那么 q，　　　即　　　$p \to q$，

p，　　　　　　　　　　　　　　p，

所以，q。　　　　　　　　　　　∴ q

或写作：$((p \to q) \land p) \to q$。

2. 否定后件式

否定后件式是小前提否定作为大前提的充分条件假言命题的后件，结论否定其前件的推理。例如：

如果一个联言命题为真，那么所有的联言支为真，

这个联言命题中有一个联言支为假，

所以，这个联言命题是假的。

否定后件式的推理结构为：

如果 p，那么 q，　　　　　　　即　　　　　$p \rightarrow q$

　　　　　　非 q，　　　　　　　　　　　　　$\overline{q}$

所以，非 p。　　　　　　　　　　　　　　　$\therefore \overline{p}$

或写作：$((p \rightarrow q) \land \overline{q}) \rightarrow \overline{p}$。

（二）必要条件假言推理

必要条件假言推理是前提中包含一个必要条件假言命题，并根据前、后件的必要条件关系进行推演的假言推理。

根据必要条件假言命题前、后件的真假制约关系，可以得出必要条件假言推理的规则：

（1）肯定后件必须肯定前件，否定后件不能否定前件；

（2）否定前件必须否定后件，肯定前件不能肯定后件。

根据以上规则，必要条件假言推理有两个有效的推理形式：肯定后件式和否定前件式。

1. 肯定后件式

肯定后件式是小前提肯定作为大前提的必要条件假言命题的后件，结论肯定其前件的推理。例如：

只有前提真实，才是一个正确的推理，

这个推理是一个正确的推理，

所以，这个推理前提真实。

肯定后件式的推理结构为：

只有 p，才 q，　　　　　　　即　　　　　$p \leftarrow q$，

　　　　q，　　　　　　　　　　　　　　　q，

所以，p。　　　　　　　　　　　　　　　$\therefore p$

或写作：$((p \leftarrow q) \wedge q) \rightarrow p$。

2. 否定前件式

否定前件式是小前提否定作为大前提的必要条件假言命题的前件，结论否定其后件的推理。例如：

只有前提真实，才是一个正确的推理，

这个推理前提不真实，

所以，这是一个不正确的推理。

否定前件式的推理结构为：

只有 p，才 q，　　　　　　即　　　　$p \leftarrow q$，

非 p，　　　　　　　　　　　　　　$\overline{p}$，

所以，非 q。　　　　　　　　　　　∴ $\overline{q}$

或写作：$((p \leftarrow q) \wedge \overline{p}) \rightarrow \overline{q}$。

（三）充分必要条件假言推理

充分必要条件假言推理是前提中包含一个充分必要条件假言命题，并根据前、后件的充分必要条件关系进行推演的假言推理。

根据充分必要条件假言命题前、后件真假制约关系，可以得出充分条件假言推理的规则：

（1）肯定前件就要肯定后件，否定前件就要否定后件；

（2）肯定后件就要肯定前件，否定后件就要否定前件。

根据规则可知，充分必要条件假言命题有四个正确有效的推理形式：肯定前件式、否定前件式、肯定后件式和否定后件式。

1. 肯定前件式

肯定前件式是小前提肯定作为大前提的充分必要条件假言命题的前件，结论肯定其后件的推理。例如：

当且仅当所有的联言支为真时，一个联言命题才为真，

这个联言命题的所有联言支为真，

所以，这个联言命题为真。

肯定前件式的推埋结构式为：

当且仅当 p，才 q，　　　　即　　　　p ←——→ q，

　　　　p，　　　　　　　　　　　　　　p，

所以，q。　　　　　　　　　　　　∴ q

或写作（（p ←——→ q）∧ p）→ q。

2. 否定前件式

否定前件式就是小前提否定作为大前提的充分必要条件的前件，结论否定其后件的推理。例如：

当且仅当所有的联言支为真，一个联言命题才为真，

这个联言命题不是所有联言支为真，

所以，这个联言命题不为真。

否定前件式的推理结构式为：

当且仅当 p，才 q，　　　　　即　　　p ←——→ q，

　　　非 p，　　　　　　　　　　　　$\overline{p}$，

所以，非 q。　　　　　　　　　　∴ $\overline{q}$

或写作：（（p ←——→ q）∧ $\overline{p}$）→ $\overline{q}$。

3. 肯定后件式

肯定后件式就是小前提否定作为大前提充分必要条件假言命题的后件，结论肯定其前件的推理。例如：

当且仅当所有的联言支为真，一个联言命题才为真，

这个联言命题为真，

所以，这个联言命题的所有联言支为真。

肯定后件式的推理结构式为：

当且仅当 p，才 q，　　　　　　即　　　p ←——→ q，

　　　q，　　　　　　　　　　　　　　　q，

所以，p，　　　　　　　　　　　∴ p

或写作：（（p ←——→ q）∧ q）→ p。

4. 否定后件式

否定后件式就是小前提否定作为大前提的充分必要条件假言命题的后件，结论否定其前件的推理。例如：

当且仅当所有的联言支为真，一个联言命题才为真，

这个联言命题不为真，

所以，这个联言命题的联言支不都为真。

否定后件式的推理结构式为：

当且仅当 p，才 q，　　　　　　即　　p ⟷ q，

非 q，　　　　　　　　　　　　　　　$\overline{q}$，

所以，非 p。　　　　　　　　　　∴ $\overline{p}$

或写作：$((p \longleftrightarrow q) \wedge \overline{q}) \rightarrow \overline{p}$。

第五节　负命题及其推理

一、负命题

（一）什么是负命题

负命题是否定某个命题的命题，也叫命题的否定。例如：

（1）并非所有天鹅都是白色的。

（2）并非只有上大学，才能成才。

这两个命题都是负命题。由于负命题自身包含其他命题，所以负命题也是复合命题。负命题是由支命题和联结项所组成。支命题可以是简单命题，也可以是复合命题。负命题的联结项是一个否定词，在逻辑学上用"并非"表示。负命题的逻辑结构式是：**并非 p**。其中，"p"是支命题，"并非"是联结项。

在现代逻辑中，"并非"用符号"¬"（读作"非"）表示。因此，负命题的逻辑结构式也可写作：¬p 或 $\overline{p}$。

这里要注意的是，我们不能把负命题同否定命题等同起来。如，"任何事物都不是孤立静止的"，这个命题是否定命题，而不是负命题。负命题与否定命题的区别在于：负命题是对整个命题的否定；否定命题则是对命题的一部分（谓项）进行否定。

（二）负命题的逻辑性质

负命题的真假，是由其支命题的真假来确定的。负命题的逻辑值与支命题

的逻辑值正好相反。负命题的真假情况如表 5-7 所示。

表 5-7　负命题真值表

p	¬p
真	假
假	真

由表 5-7 可以看出：原命题真，其负命题必假；原命题假，其负命题必真。据此，对负命题进行否定又会使之回归到原命题，即 ¬¬p 等值于 p。

二、负命题的类型及其等值推理

由于负命题的支命题既可以是简单命题，也可以是复合命题，因此，负命题可以分为简单命题的负命题和复合命题的负命题两类。

（一）简单命题的负命题及其等值命题推理

简单命题的负命题是将简单命题作为支命题，并对此支命题加以否定的命题。简单命题包括直言命题和关系命题，在这里我们只介绍直言命题的负命题。直言命题包括 A、E、I、O 四种形式。因而与之相应的负直言命题也有四种类型。

1. 负全称肯定命题及其等值式

负全称肯定命题是对全称肯定命题进行否定。即：并非所有 S 是 P。根据直言命题对当关系中的矛盾关系，**"并非所有 S 是 P"等值于"有 S 不是 P"**，其等值式可符号化为：$\overline{SAP} \longleftrightarrow SOP$。

例如，"并非所有的劳动产品都是商品"等值于"有些劳动产品不是商品"。

2. 负全称否定命题及其等值式

负全称否定命题是对全称否定命题进行否定。即：并非所有 S 不是 P。根据直言命题对当关系中的矛盾关系，**"并非所有 S 不是 P"等值于"有 S 是 P"**，其等值式可符号化为：$\overline{SEP} \longleftrightarrow SIP$。

例如，"并非所有的天鹅都不是白色的"等值于"有些天鹅是白色的"。

3. 负特称肯定命题及其等值式

负特称肯定命题是对特称肯定命题进行否定。即：并非有的 S 是 P。根据直言命题对当关系中的矛盾关系，**"并非有的 S 是 P"等值于"所有 S 不是 P"**，其等值式可符号化为：$\overline{SIP} \longleftrightarrow SEP$。

例如，"并非有的同学中午在学校吃饭"等值于"所有的同学中午都不在学校吃饭"。

4. 负特称否定命题及其等值式

负特称否定命题是对特称否定命题进行否定。即：并非有的 S 不是 P。根据直言命题对当关系中的矛盾关系，**"并非有的 S 不是 P"等值于"所有 S 是 P"**，其等值式可符号化为：$\overline{SOP} \longleftrightarrow SAP$。

例如，"并非有的同学不是团员"等值于"所有的同学都是团员"。

（二）复合命题的负命题及其等值命题推理

复合命题的负命题是对一个复合命题加以否定的命题。复合命题包括联言命题、选言命题、假言命题等类型。因而负复合命题的类型也与之相应，分析如下：

1. 负联言命题及其等值式

负联言命题是对联言命题进行否定的命题。其逻辑结构式为：**并非 p 并且 q**。或写作：$\overline{p \wedge q}$。

负联言命题是对原联言命题的否定，即要使原联言命题为假。若要使联言命题 p ∧ q 为假，或者其联言支 p 假，或 q 假，或 p、q 都假。因此，负联言命题的等值命题，就是一个相应的选言命题。其等值式可符号化为：$\overline{p \wedge q} \longleftrightarrow (\bar{p} \vee \bar{q})$。

例如，"并非价廉物美"等值于"或价不廉或物不美。

2. 负相容选言命题及其等值式

负相容选言命题是对相容选言命题进行否定的命题。其逻辑结构式为：**并非 p 或 q**。或写作：$\overline{p \vee q}$。

负相容选言命题是对原相容选言命题的否定，即要使原相容选言命题为假。若要使相容选言命题 p ∨ q 为假，则其选言支 p、q 同时为假。因此，相容选言命题的负命题的等值命题是一个相应的联言命题。其等值式可符号化为：$\overline{p \vee q} \longleftrightarrow (\bar{p} \wedge \bar{q})$。

例如，"并非你去或我去"等值于"你不去而且我也不去"。

3. 负不相容选言命题及其等值式

负不相容选言命题的是对不相容选言命题进行否定的命题。其逻辑结构式为：**并非要么 p，要么 q**。或写作：$\overline{p \veebar q}$。

负不相容选言命题是对原不相容选言命题的否定，即要使原不相容选言命题为假。若要使不相容选言命题 p $\veebar$ q 为假，或者其选言支 p、q 同时为真，或者其选言支 p、q 同时为假。因此，不相容选言命题的负命题的等值命题就是一个相应的选言命题。其等值式可符号化为：$\overline{p \veebar q} \longleftrightarrow ((\bar{p} \wedge \bar{q}) \vee (p \wedge q))$。

例如，"并非这场较量要么你赢，要么我赢"等值于"这场较量你我都赢或你我都不赢"。

4. 负充分条件假言命题及其等值式

负充分条件假言命题是对充分条件假言命题进行否定的命题。其逻辑结构式为：**并非如果 p，那么 q**。或写作：$\overline{p \rightarrow q}$。

负充分条件的假言命题是对原充分条件的假言命题的否定，即要使原充分条件假言命题为假。若要使充分条件假言命题 p $\rightarrow$ q 为假，也就是要前件 p 真，而后件 q 假。因此，一个充分条件假言命题的负命题的等值命题是一个相应的联言命题。其等值式可符号化为：$\overline{p \rightarrow q} \longleftrightarrow (p \wedge \bar{q})$。

例如，"并非如果有钱，就能获得幸福"等值于"有钱而不能获得幸福"。

5. 负必要条件假言命题及其等值式

负必要条件假言命题是对必要条件假言命题进行否定的命题。其逻辑结构式为：**并非只有 p 才 q**。或写作：$\overline{p \leftarrow q}$。

由于负必要条件假言命题是对原必要条件假言命题的否定，即要使原必要条件假言命题为假。若要使必要条件假言命题 p $\leftarrow$ q 为假，也就是要前件 p 假，而且后件 q 真。因此，一个必要条件假言命题的负命题的等值命题就是一个相应的联言命题。其等值式可符号化为：$\overline{p \leftarrow q} \longleftrightarrow (\bar{p} \wedge q)$。

例如，"并非只有认识字母才能学好外语"等值于"不认识字母也能学好外语"。

6. 负充分必要条件假言命题及其等值式

负充分必要条件假言命题是对充分必要条件假言命题进行否的命题。其结构式为：**并非当且仅当 p，才 q**。或写作：$\overline{p \longleftrightarrow q}$。

负充分必要条件假言命题是对原充分必要条件假言命题的否定，即要使原充分必要条件假言命题为假。若要使充分必要条件假言命题 p $\longleftrightarrow$ q 为假，就要使前件 p 假而后件 q 真，或者前件 P 真而后件 q 假。因此，一个充分必要条件假言命题的负命题的等值命题就是一个相应的选言命题。其等值式可符号化为：$\overline{p \longleftrightarrow q} \longleftrightarrow ((p \wedge \bar{q}) \vee (\bar{p} \wedge q))$。

例如，"并非当且仅当得了肺炎，才发高烧"等值于"未得肺炎而发高烧或者得了肺炎而未发高烧"。

第六节　二难推理

一、什么是二难推理

二难推理是前提由两个假言命题和一个具有两个选言支的选言命题构成的推理，也称为假言选言推理。例如：

如果你聪明，那么你要学逻辑，因为学了逻辑会使你聪明，

如果你不聪明，那么你更要学逻辑，因为学了逻辑会使你聪明，

你或是聪明，或是不聪明，

所以，你都要学逻辑。

这就是一个二难推理，它是由两个充分条件假言命题和一个具有两个选言支的选言命题作为前提所构成的推理。

二难推理在辩论中使用最多，其特点是从对方的观点出发提出两种可能，再由这两种可能引出两种结论，使对方无论选择其中哪一种，结果都会陷入进退两难的境地。

二、二难推理的形式

1. 简单构成式

这种形式的特点是：两个假言前提的前件不同，后件相同，选言前提的两个选言支分别是两个假言前提的不同前件，结论是假言前提中的相同后件。其推理的结构式为：

如果 p，那么 q，	即	$p \to q$，
如果 r，那么 q，		$r \to q$，
p 或者 r，		$p \vee r$，
所以，q。		$\therefore q$

也可符号化为：$((p \rightarrow q) \wedge (r \rightarrow q) \wedge (p \vee r)) \rightarrow q$。

例如：

如果上帝能创造出连他自己也举不起来的石头，那么上帝不是全能的；

如果上帝不能创造出一块连他自己都举不起来的石头，那么上帝不是全能的；

上帝或者能创造或者不能创造这样一块石头；

总之，上帝不是全能的。

这是一个简单构成式的二难推理，其两个假言前提的前件不同，后件相同，其结论是一个直言命题，其选言前提是对假言前提中不同前件的肯定，因此，不论肯定了哪个前件，都会得出相同的结论。

2. 简单破坏式

这种形式的特点是：两个假言前提的前件相同，后件不同，选言前提的两个选言支分别是对假言前提不同后件的否定，其结论是对假言前提相同前件的否定。其推理的结构式为：

如果 p，那么 q，　　　即　　　　$p \rightarrow q$，

如果 p，那么 r，　　　　　　　　　$p \rightarrow r$，

非 p 或者非 r，　　　　　　　　　　$\bar{q} \vee \bar{r}$，

所以，非 q。　　　　　　　　　　　$\therefore \bar{p}$

也可符号化为：$((p \rightarrow q) \wedge (p \rightarrow r) \wedge (\bar{q} \vee \bar{r})) \rightarrow \bar{p}$。

例如：

如果你是一个好作家，你的作品思想性一定强；

如果你是一个好作家，你的作品艺术性一定高；

你的作品或思想性不强，或艺术性不高；

所以，你不是一个好作家。

这是一个简单破坏式的二难推理，其两个假言前提的后件不同，前件相同，其结论是一个直言命题，是对假言前提中相同前件的否定。其选言前提是对假言前提中不同后件的否定，因此无论否定了哪个后件，都会得出相同的结论。

3. 复杂构成式

这种形式的特点是：两个假言前提的前、后件都不相同，选言前提两个选

言支分别是假言前提中不同的前件，结论是一个选言命题，两个选言支分别是假言前提中两个不同的后件。其推理结构式为：

如果 p，那么 q，　　　即　　　　$p \rightarrow q$，

如果 r，那么 s，　　　　　　　　$r \rightarrow s$，

p 或者 r，　　　　　　　　　　　$p \lor r$，

所以，q 或者 s。　　　　　　　　∴ $q \lor s$

也可符号化为：$((p \rightarrow q) \land (r \rightarrow s) \land (p \lor r)) \rightarrow (q \lor s)$。

例如：

如果遵循客观经济规律，那么就会使生产力得到发展；

如果违背客观经济规律，那么就会受到规律的惩罚；

我们或是遵循客观经济规律，或是违背客观经济规律；

总之，我们或是使生产力得到发展，或是受到规律的惩罚。

这是一个复杂构成式的二难推理，其两个假言前提的前、后件都不相同，其结论是一个选言命题，是对假言前提中不同后件的肯定。选言前提是对假言前提不同前件的肯定。因此，肯定这个或那个的前件，便能肯定这个或那个的后件。

4.复杂破坏式

这种形式的特点是：两个假言前提的前、后件都不相同，选言前提两个选言支分别是对假言前提的两个不同后件的否定，结论是一个选言命题，两个选言支分别是对假言前提不同后件的否定。其推理结构式为：

如果 p，那么 q，　　　即　　　　$p \rightarrow q$，

如果 r，那么 s，　　　　　　　　$r \rightarrow s$，

非 q 或者非 s，　　　　　　　　$\bar{q} \lor \bar{s}$，

所以，非 p 或者非 r。　　　　　∴ $\bar{p} \lor \bar{r}$

也可符号化为：$((p \rightarrow q) \land (r \rightarrow s) \land (\bar{q} \lor \bar{s})) \rightarrow (\bar{p} \lor \bar{r})$。

例如：

如果前提真实，那么它与事实相符合；

如果推理形式正确，那么它遵守了推理规则；

这个推理或前提与事实不符，或没有遵守推理规则；

总之，这个推理或前提不真实或推理形式不正确。

这是一个复杂破坏式的二难推理，其两个前提的前、后件都不相同，其结论是一个选言命题，是对假言前提中不同前件的否定。选言前提是对假言前提不同后件的否定。因此，否定这个或那个后件，便可否定这个或那个前件。

三、破斥二难推理的方法

一个正确的二难推理必须遵守以下两个要求：

一是前提必须真实。即假言前提的前件必须是后件的充分条件；同时选言前提的支命题必须穷尽了一切可能。

二是推理形式必须正确。即它必须遵守假言推理和选言推理的规则。

一个二难推理如果违反了这些要求就是一个错误的二难推理。因此，我们破斥错误的二难推理，就是要揭露二难推理中的错误，即指出它的前提不真实，或者推理形式不正确。据此，破斥二难推理的方法有两种：**一是揭露其前提虚假；二是指出其违反推理规则。**

揭露错误的二难推理前提虚假，即指出假言前提的前件不是后件的充分条件，或者指出选言前提的选言支未穷尽。

例如：

如果我学的是别人没有学过的东西，那么我无法学到；

如果我学的是别人学过的东西，那么我是步别人后尘，学了也没用；

我学的或是别人学过的东西或是别人没有学过的东西；

总之，我或无法学到，或学了也没用。

这个推理的错误不在于推理形式，而是前提，我们可以用指出其前提虚假的方法加以破斥，指出假言前提不真实，前件不是后件的充分条件。

又如：

如果你只学理论，就会脱离现实社会；

如果你不学理论，就会没有理论素养；

你或是只学理论或不学理论；

总之，你或是会脱离现实社会，或是没有理论素养。

这个推理的错误也是前提虚假，因为选言前提的支判断没有穷尽一切可能，它漏掉了你"联系实际学习理论"。

再如：

如果你经济犯罪，就会受到法律制裁；

如果你暴力犯罪，就会受到法律制裁；

你或是没有经济犯罪，或是没有暴力犯罪；

总之，你不会受到法律制裁。

这个推理的错误不是前提虚假，而是推理形式不正确，它违反了充分条件假言推理"否定前件不能否定后件"的规则。

除了上述两种破斥错误的二难推理的方法之外，还有一种特殊的破斥方法，即构建一个与原二难推理相反的二难推理，从而使原二难推理不成立。

例如，有这样一个二难推理：

如果智商高，那么努力学习没有必要；

如果智商不高，那么努力学习也没有必要；

智商高或不高；

总之，努力学习是没有必要的。

这个二难推理是错误的，其前提虚假，假言前提的前件不是后件的充分条件。对这个错误的二难推理的破斥，我们可以构造一个与之相反的二难推理：

如果智商高，那么努力学习是必要的，因为努力学习可以学到更多的知识；

如果智商不高，那么努力学习是必要的，因为勤能补拙；

智商高或不高；

总之，努力学习都是必要的。

第七节　复合命题其他推理

一、假言易位推理

假言易位推理是通过交换前提中假言命题的前、后件位置，从而得出一个新的假言命题的推理。它主要有三种类型：充分条件假言易位推理、必要条件假言移位推理和充分必要条件假言易位推理。

1. 充分条件假言易位推理

充分条件假言易位推理是根据充分条件假言命题的逻辑性质，即前件和后件的真假制约关系，通过交换前提中充分条件假言命题前、后件的位置，推出一个新的充分条件假言命题的推理。充分条件假言命题前、后件的真假制约关系是：**肯定前件就要肯定后件，否定后件就要否定前件**。充分条件假言易位推理就是根据否定后件就要否定前件这一特性进行的推理。其推理的结构式为：

如果 p，那么 q，　　　　　　　　即　　 $p \to q$，

所以，如果非 q，那么非 p。　　　　 $\therefore \bar{q} \to \bar{p}$

也可符号化为：$(p \to q) \to (\bar{q} \to \bar{p})$。

例如：

如果这个推理正确，那么就遵守了推理规则，

所以，如果不遵守推理规则，那么这个推理就不正确。

2. 必要条件假言易位推理

必要条件假言易位推理是根据必要条件假言命题的逻辑性质，通过交换前、后件的位置，从而推出一个新的充分条件假言命题的推理。必要条件假言命题前、后件之间的真假制约关系是：**否定前件就要否定后件，肯定后件就要肯定前件**。必要条件假言易位推理就是根据肯定后件就要肯定前件这一特性进行的推理。其推理的结构式为：

只有 p，才 q，　　　　　　　　　即　　 $p \leftarrow q$，

所以，如果 q，那么 p。　　　　　　 $\therefore q \to p$

也可符号化为：$(p \leftarrow q) \to (q \to p)$。

例如：

只有推理形式正确，才是一个正确有效的推理，

所以，如果一个推理正确有效，那么推理形式正确。

3. 充分必要条件假言易位推理

充分必要条件假言易位推理是根据充分必要条件假言命题的逻辑性质，通过交换前、后件的位置推出一个新的充分假言命题的推理。充分必要条件假言命题前、后件的真假制约关系是：**肯定前件就要肯定后件，否定前件就要否定后件；否定后件就要否定前件，肯定后件就要肯定前件**。充分必要假言易位推理就是根据肯定后件就要肯定前件、否定后件就要否定前件的特性进行的推理。其推理的结构式有以下两种：

（1）<u>当且仅当 p，才 q，</u>　　　　即　<u>p ←→ q,</u>

　　　所以，如果 q，那么 p。　　　　∴ q → p

例如：

<u>当且仅当一个数能被 2 整除时，这个数才是偶数，</u>

所以，如果这个数是偶数，那么这个数能被 2 整除。

（2）<u>当且仅当 p，才 q，</u>　　　　即 <u>p ←→ q,</u>

　　　所以，如果非 q，那么非 p。　　∴ $\overline{q} → \overline{p}$

例如：

<u>当且仅当一个数能被 2 整除时，这个数才是偶数，</u>

所以，如果这个数不是偶数，那么这个数不能被 2 整除。

用符号表示以上两个推理结构式，可写作：

（1）（p ←→ q）→（q → p）。

（2）（p ←→ q）→（$\overline{q}$ → $\overline{p}$）。

假言易位推理必须遵守以下推理规则：

一是假言命题的前、后件位置要交换。即在前提中的前件变为结论中的后件，前提中的后件变为结论中的前件。

二是要遵循假言推理的规则。即要根据假言命题前、后件的真假制约关系进行推理。

凡不遵守以上规则的假言易位推理都是错误的、无效的推理。

二、假言连锁推理

假言连锁推理是以几个假言命题为前提，推出一个新的假言命题的推理。其特点是前一个假言前提的后件与后一个假言前提的前件相同。它也有三种类型:充分条件假言连锁推理、必要条件假言连锁推理和混合条件假言连锁推理。

1. 充分条件假言连锁推理

充分条件假言连锁推理是以充分条件假言命题为前提和结论的假言连锁推理。根据充分条件假言命题的前、后件真假制约关系，它有肯定式和否定式两种形式。

（1）肯定式

肯定式是根据充分条件假言命题前、后件真假制约关系中"肯定前件就要肯定后件"的逻辑特性进行的推理。它是通过肯定第一个前提的前件，进而肯定最后一个前提的后件。其推理的结构式为：

如果 p，那么 q，　　　　　即　　　　$p \rightarrow q$，

如果 q，那么 r，　　　　　　　　　　$q \rightarrow r$，

所以，如果 p，那么 r。　　　　　　∴ $p \rightarrow r$

可符号化为：$((p \rightarrow q) \wedge (q \rightarrow r)) \rightarrow (p \rightarrow r)$。

例如：

如果大力发展教育，那么科技水平就会提高，

如果科技水平提高，那么生产力就会得到发展，

所以，如果大力发展教育，那么生产力就会得到提高。

（2）否定式

否定式是根据充分条件假言命题前、后件真假制约关系"否定前件就要否定后件"的逻辑特性进行的推理。它是通过否定最后一个前提的后件，进而否定第一个前提的前件。其推理的结构式为：

如果 p，那么 q，　　　　　即　　　　$p \rightarrow q$，

如果 q，那么 r，　　　　　　　　　　$q \rightarrow r$，

所以，如果非 r，那么非 p。　　　　∴ $\bar{r} \rightarrow \bar{p}$

可符号化为：$((p \rightarrow q) \wedge (q \rightarrow r)) \rightarrow (\bar{r} \rightarrow \bar{p})$。

例如：

如果大力发展教育，那么科技水平就会提高；

如果科技水平提高，那么生产力就会得到发展；

所以，如果生产力得不到发展，那么教育就没有得到发展。

2. 必要条件假言连锁推理

必要条件假言连锁推理是以必要条件假言命题为前提的连锁推理。依据必要条件假言命题的前、后件真假制约关系，它也有否定式和肯定式两种形式。

（1）肯定式

肯定式是根据必要条件假言命题的前、后件真假制约关系"肯定后件就要肯定前件"的逻辑特性进行的推理。它是通过肯定后一个前提的后件，进而肯定第一个前提的前件。其推理的结构式为：

只有 p，才 q，   即 $p \leftarrow q$，

只有 q，才 r， $q \leftarrow r$，

所以，如果 r，才 p。   ∴ $r \rightarrow p$。

可符号化为：$((p \leftarrow q) \wedge (q \leftarrow r)) \rightarrow (r \rightarrow p)$。

例如：

只有生产力的高度发展，才有高收入；

只有高收入，才能有高消费；

所以，如果要有高消费，那么就需要生产力的高度发展。

（2）否定式

否定式是根据必要条件假言命题前、后件真假制约关系"否定前件必否定后件"的逻辑特性进行的推理。它是通过否定第一个前提的前件，进而否定最后一个前提的后件。其推理的结构式为：

只有 p，才 q，   即 $p \leftarrow q$，

只有 q，才 r， $q \leftarrow r$，

所以，如果非 p，那么非 r。   ∴ $\bar{p} \rightarrow \bar{r}$

可符号化为：$((p \leftarrow q) \wedge (q \leftarrow r)) \rightarrow (\bar{p} \rightarrow \bar{r})$。

例如：

只有生产力的高度发展，才能有高收入；

只有有了高收入，才能有高消费；

所以，如果没有生产力的高度发展，那么就没有高消费。

3. 混合条件假言连锁推理

混合条件假言连锁推理是以几个不同的假言命题为前提的假言推理。它主要有两种形式。

（1）大前提为充分必要条件假言命题，小前提是充分条件假言命题的混合假言连锁推理。其推理的结构式为：

当且仅当 p，才 q，   即 $p \longleftrightarrow q$，

如果 q，那么 r $q \rightarrow r$，

所以，如果 p，那么 r。   ∴ $p \rightarrow r$

可符号化为：$((p \longleftrightarrow q) \wedge (q \rightarrow r)) \rightarrow (p \rightarrow r)$。

例如：

当且仅当商品生产存在，价值规律才起作用；

如果价值规律起作用，那么商品就要等价交换；

所以，如果商品生产存在，那么商品就要等价交换。

（2）大前提是充分必要条件假言命题，小前提是必要条件假言命题的混合假言连锁推理。其推理的结构形式为：

当且仅当 p，才 q，　　　　　　　即　　　　$p \longleftrightarrow q$，

只有 q，才 r　　　　　　　　　　　　　　　$q \leftarrow r$，

所以，如果非 p，那么非 r。　　　　　　　$\therefore \bar{p} \rightarrow \bar{r}$

可符号化为：$((p \longleftrightarrow q) \wedge (q \leftarrow r)) \rightarrow (\bar{p} \rightarrow \bar{r})$。

例如：

当且仅当商品生产存在，才有等价交换；

只有等价交换，价值规则才起作用；

所以，如果不存在商品生产，那么价值规律就不起作用。

三、假言联言推理

假言联言推理是以两个假言命题为大前提和一个联言命题为小前提，推出一个新的联言命题的推理。它有肯定式和否定式两种形式。

1.肯定式

肯定式是联言前提肯定两个假言前提的前件，结论肯定两个假言前提后件。其推理的结构式为：

如果 p，那么 q，　　　　　　　即　　　　$p \rightarrow q$，

如果 r，那么 s，　　　　　　　　　　　　$r \rightarrow s$，

p 并且 r，　　　　　　　　　　　　　　　$p \wedge r$，

所以，q 并且 s。　　　　　　　　　　　　$\therefore q \wedge s$

可符号化为：$((p \rightarrow q) \wedge (r \rightarrow s) \wedge (p \wedge r)) \rightarrow (q \wedge s)$。

例如：

如果我们大力发展教育，那么能提高人民素质；

如果我们大力发展生产力，那么能提高人民生活水平；

我们既要大力发展教育，又要大力发展生产力；

所以，我们既能提高人民素质，又能提高人民生活水平。

---

2. 否定式

否定式是联言前提否定两个假言前提的后件，联言结论否定两个假言前提的前件。其推理的结构式为：

如果 p，那么 q，　　　　即　　　　p → q，
如果 r，那么 s，　　　　　　　　　r → s，
非 q 并且非 s　　　　　　　　　　$\bar{q} \wedge \bar{s}$，
所以，非 p 并且非 r。　　　　∴ $\bar{p} \wedge \bar{r}$

可符号化为：$((p \to q) \wedge (r \to s) \wedge (\bar{q} \wedge \bar{s})) \to (\bar{p} \wedge \bar{r})$。

例如：

如果与事实相符，那么前提真实；
如果推理符合规则，那么推理形式正确；
这一推理前提不真实而且推理形式不正确；
所以，这一推理与事实不符而且不符合推理规则。

假言联言推理是根据假言命题和联言命题的逻辑性质进行的推理，因此，假言联言推理要遵循假言推理和联言推理的一切规则，否则就是错误的、无效的推理。

四、反三段论

反三段论是充分条件假言推理否定后件式的一种特殊形式，即它的大前提是以联言命题为前件的充分条件假言命题，通过否定假言命题的后件并肯定其前件中的一个联言支，进而否定其前件的另一个联言支的推理。其推理的结构式如下：

如果 p 并且 q，那么 r，　　即　　(p ∧ q) → r，
非 r 并且 q，　　　　　　　　　$\bar{r} \wedge q$，
所以，非 p。　　　　　　　　∴ $\bar{p}$。

可符号化为：$(((p \wedge q) \to r) \wedge (\bar{r} \wedge q)) \to \bar{p}$。

例如：

如果小王考上了博士并且小刘没考上博士，那么温丽一定考不上博士；
温丽考上博士并且小刘没考上博士；
所以，小王没考上博士。

反三段论是人们日常思维实践中经常用到的一种推理。它实际上是一个等值式，在对一些逻辑问题作分析时，使用反三段论可得到一些有益的认识。

五、逆否命题推理

如果两个命题中一个命题的条件和结论分别是另一个命题的结论和条件的否定，则这两个命题互为逆否命题。

原命题为：$p \rightarrow q$。

逆否命题为：$\bar{q} \rightarrow \bar{p}$。

逻辑学认为原命题与逆否命题是等价的，也就是原命题真，则逆否命题也真。逆否命题推理主要有两种形式：充分条件假言命题的逆否命题推理和必要条件假言命题的逆否命题推理。

1. 充分条件假言命题的逆否命题推理

其推理的结构式为：

如果 p，那么 q，　　　　　　　　　即　　　　$p \rightarrow q$

所以，如果非 q，那么非 p。　　　　　　　　$\therefore \bar{q} \rightarrow \bar{p}$

可符号化为：$(p \rightarrow q) \rightarrow (\bar{q} \rightarrow \bar{p})$。

例如：

如果大下雨，那么地上湿。

所以，如果地上没有湿，那么天上没有下雨。

2. 必要条件假言命题的逆否命题推理

其推理的结构式为：

只有 p，才 q，　　　　　　　　　　即　　　　$p \leftarrow q$

所以，如果非 p，那么非 q。　　　　　　　　$\therefore \bar{p} \rightarrow \bar{q}$

可符号化为：$(p \leftarrow q) \rightarrow (\bar{p} \rightarrow \bar{q})$。

例如：

只有科学施肥，才能获得好收成。

所以，如果没有科学施肥，那么没有好收成。

3. 复合命题的逆否命题

复合命题的逆否命题是依据上面两种基本的逆否命题的等价关系和其命题的逻辑性质进一步演化而来的。在这里我们主要介绍四种常见的复合命题的逆否命题：

（1）原命题：$p \rightarrow (q \vee r)$。逆否命题：$(\bar{q} \wedge \bar{r}) \rightarrow \bar{p}$。

（2）原命题：$p \rightarrow (q \wedge r)$。逆否命题：$(\bar{q} \vee \bar{r}) \rightarrow \bar{p}$。

（3）原命题：$(q \vee r) \rightarrow p$。逆否命题：$\bar{p} \rightarrow (\bar{q} \wedge \bar{r})$。

（4）原命题：$(q \wedge r) \rightarrow p$。逆否命题：$\bar{p} \rightarrow (\bar{q} \vee \bar{r})$。

例如：

（1）如果持续下大雨，那么或者山洪暴发，或者河水上涨。

所以，如果河水没有上涨且山洪没有暴发，那么就没有持续下大雨。

（2）如果大学生一门主要课程考试不及格，那么他就拿不到毕业证而且拿不到学位证。

所以，如果大学生拿到了毕业证或者拿到了学位证，那么他就没有一门主要课程不及格。

（3）如果或者发生地震灾害，或者发生洪涝灾害，那么都会给人民生命财产带来损失。

所以，如果没有给人民的生命财产带来损失，那么，就没有发生地震灾害且没有发生洪涝灾害。

（4）如果山洪暴发并且河水猛涨，那么，一定是雨量过多。

所以，如果雨量不过多，那么或者就不会山洪暴发，或者不会河水猛涨。

📖 复习思考题

1.什么是复合命题？它由哪几部分构成？复合命题如何分类？

2.什么是联言命题？联言命题的逻辑特征是什么？

3.什么是选言命题？简述相容选言命题与不相容选言命题的异同点。

4.什么是假言命题？简述三种假言命题的逻辑特征及其相互间的关系。

5.什么是负命题？各种负命题的等值命题是什么？

6.简述相容选言推理和不相容选言推理的规则和有效式。

7.简述三种条件关系的假言推理的规则和有效式。

8.什么是二难推理？简述四种基本有效式及其特点。

9.破斥二难推理的方法有哪些?

10.简述假言易位推理、假言连锁推理以及假言联言推理的规则和有效式。

11.什么是反三段论?如何用符号化式子表述?

12.什么是逆否命题推理?简述其基本规则和有效形式。

📖 思维训练题

一、下列命题属于哪一种类型的复合命题? 请用逻辑符号表示之。

1.既没有离开斗争性的同一性,也没有离开同一性的斗争性。

2.我虽然人过中年,但求知欲望并没有减弱。

3.在本书的成书过程中,许多朋友给予了帮助:或是给予指导;或是给予鼓励;或是提供资料。

4.只有一心为民,才能真正做到公正廉明。

5.只要痛下决心并付诸行动,就能达到目标。

6.赵、钱、孙至少有一个是北京人。

7.王、李要么同时上场,要么同时不上场。

8.逆水行舟不进则退。

9.若要人不知,除非己莫为。

10.没有革命的理论,就没有革命的行动。

二、指出下列各题中,A 是 B 的什么条件。

1.A.梯形的对角线相等   B.这个梯形是等腰梯形

2.A.认识错误   B.改正错误

3.A.风调雨顺   B.获得好收成

4.A.努力学习   B.成绩优秀

5.A.以转变政府职能为基础   B.政府机构改革取得成效

6.A.能被 2 整除   B.这个数是偶数

7.A.少壮不努力   B.老大徒伤悲

8.A.不入虎穴   B.焉得虎子

9.A. 吸烟成癖   B. 患肺癌

10.A. 理论翔实   B. 高质量论文

三、写出下列命题的负命题及与负命题等值的命题，并用公式表示其形式。

1. 小王与小张都是南昌人。

2. 鸡蛋都是圆的。

3. 你要么喝茶，要么喝咖啡。

4. 如果你学习不用功，那么你的智商高。

5. 只有多补钙，才能长得高。

6. 小王和小张两人中至少有一人是凶手。

7. 这次旅行充实而愉快。

8. 如果不搞好教学改革，就无法提高教学质量。

9. 食堂能"堂食"。

10. 或者 A 是诗人，或者 A 是作家。

四、请根据复合命题的逻辑性质，解下列各题。

1. 设 p 的真值为真，q 的真值为假，求非 p、p 并且 q、p 或者 q 的真值。

2. 已知对任何 q 而言，若 p 或者 q 为真，p 应取何值？

3. 设 p 的真值为假，q 的真值为真，求 $p \to q$、$p \leftarrow q$、$p \veebar q$ 的真值。

4. 设 p 的真值为真，q 的真值为真，r 的真值为假，那么，$(q \to p) \to ((p \to \bar{r}) \to (\bar{r} \to q))$ 取值为真或假？

5. 设 p 为前件，对任意后件 q 而言，要使"如果 p，则 q"为真，则 p 应取何值？

6. 一个复合命题为真，是否其支命题都真？为什么？请举例说明。

五、运用真值表方法，判定下列命题是否等值。

1. $p \to q$，$q \to p$

2. $\overline{p \to q}$，$p \vee \bar{q}$

3. $p \to q$，$\bar{p} \vee q$

4. $\bar{p} \vee \bar{q}$，$\overline{p \vee q}$

5. $p \longleftrightarrow q$，$(p \wedge q) \vee (\bar{p} \wedge \bar{q})$

6.（p←q）∨ q̄，（q̄←p̄）∧ p

7.p→q̄，q̄ ∨ P

8.（q ∧ p）→ r̄，（p̄ ∨ q̄）→ r

六、请运用联言推理的有关知识，回答下列问题。

1.这部作品具有高度的思想性，同时又具有较好的艺术性，所以，这部作品不仅是一部具有高度思想性的作品，而且也是一部具有较高艺术水准的精品。

请问：这一推理是否正确？

2.加强物质文明建设和加强精神文明建设是我国现代化建设的主要任务，所以，加强精神文明建设是我国现代化建设的主要任务之一。

请问：这一推理是否正确？

3.在桌上有三张扑克牌，排成一行，现在我们已知：

（1）K右边的两张牌中至少有一张A；

（2）A左边的两张牌中也有一张A；

（3）◆左边的两张牌中至少有一张是♥；

（4）♥右边的两张牌中也有一张是♥。

请问：这三张是什么牌？

七、请运用选言推理的有关知识，回答下列问题。

1.假设有前提"一个错误的推理，或是形式不正确，或是前提不真实"。

加上前提"这个推理形式不正确"，能得出什么结论？

加上前提"这个推理不是形式不正确"，能得出什么结论？

2.小李、小方、小王三人是高中同班同学，后来他们分别考上了北大、清华、复旦，分别学的是计算机、中文、哲学专业。

已知：（1）小李不在北大；（2）小方不在清华；（3）在北大的不学哲学；（4）小方不学中文；（5）在清华的学计算机。

请问：这三人分别上的是哪所大学？各学何专业？

八、请运用假言推理的有关知识，回答下列问题。

1.假设有前提"如果一个数能被9整除，那么，它就能被3整除"，加上前提"这个数不能被 9 整除",能得出什么结论？

加上前提"这个数不能被 3 整除",能得出什么结论？

2.假设有前提"只有采用新工艺，才能提高劳动生产率"，

加上前提"没有采用新工艺"，能得出什么结论？

加上前提"提高了劳动生产率"，能得出什么结论？

3.假设有前提"当且仅当劳动产品进行交换，才成为商品"，

加上前提"劳动产品进行了交换"，能得出什么结论？

加上前提"它是商品"，能得出什么结论？

九、请运用二难推理的有关知识，回答下列问题。

1.如果它是一部好作品，那么它的思想性一定好；如果它是一部好作品，那么它的艺术性一定高；而这部作品或是思想性不好，或是艺术性不高；所以，它不是一部好作品。

请问：这是什么形式的二难推理？

2.某海滨小镇有一处极佳的观景台，或在镇南，或在镇北，小镇上有李海、李滨两兄弟，他们俩一人说真话，一人说假话。观光客老王知道这一情况，但不知是谁说真话，谁说假话。老王去参观时遇到李海。

老王问李海："我如果问李滨'溶洞在村东，还是在村西？'，他将会如何回答我？"

李海回答了这一问题。于是老王根据这一回答立即正确推出了溶洞的正确位置。

请问：老王是如何进行推理的？

3.如果我考大学，我会生病，因为紧张的学习会使我生病；如果我不考大学，我也会生病，因为看别人考上大学，我会气得生病。总之，考不考大学我都会生病。

请构成一个反二难推理，破斥这个二难推理。

十、综合运用演绎推理的有关知识，回答下列问题。

1.一个热力站有 5 阀门控制蒸气。使用这些阀门必须遵守以下操作规则：
（1）如果开启 1 号阀，那么必须同时打开 2 号阀并且关闭 5 号阀。

（2）如果开启 2 号阀或者 5 号阀，则要关闭 4 号阀。

（3）不能同时关闭 3 号阀和 4 号阀。

如果现在要打开 1 号阀，那么同时要打开的阀门是几号阀？请写出推理过程。

2.五一期间某行政单位要值班，经商定值班情况如下：

（1）如果 A 值班，则 B 也值班；

（2）如果 C 不值班，则 D 就得值班；

（3）如果 A 不值班而 C 值班，则 E 得值班；

（4）E 和 F 不能都值班；

最后决定 F 值班。请问在此种情况下，B 和 D 是否值班？请写出推理过程。

3.某仓库失窃，四个保管员因涉嫌而被传讯。四人的供述如下：

甲：我们四人都没作案。

乙：我们中有人作案。

丙：乙和丁至少有一人没作案。

丁：我没作案。

已知四人中有两人说的是真话，有两人说的是假话。问：谁作案？谁说真话？请写山推理过程。

4.军训最后一天，一班学生进行实弹射击。几位教官谈论一班的射击成绩。

张教官说："这次军训时间太短，这个班没有人射击成绩会是优秀。"

孙教官说："不会吧，有几个人以前训练过，他们的射击成绩会是优秀。"

周教官说："我看班长或是体育委员能打出优秀成绩。"

结果发现三位教官中只有一人说对了。问：哪位教官说得一定不对？从而可以推出的结论是什么？

5.红红、丹丹、阳阳、珍珍和慧慧是同一家公司的同事，因工作的需要，她们不能同时出席公司举办的新产品发布会。她们的出席情况是：

（1）只有红红出席，丹丹、阳阳和珍珍才都出席；

（2）红红不能出席；

（3）如果丹丹不出席，阳阳也不出席；

（4）如果阳阳不出席，慧慧也不出席；

（5）已经决定慧慧出席发布会。

根据上述情况，出席公司举办的新产品发布会的是哪些人？请写出推理过程。

6.甲、乙、丙、丁四人的车分别为白色、银色、蓝色和红色。在问到他们各自车的颜色时，甲说："乙的车不是白色。"乙说："丙的车是红色的。"丙说："丁的车不是蓝色的。"丁说："甲、乙、丙三人中有一个人的车是红色的。而且只有一个人说的是实话。"

已知丁说的是实话，请问甲、乙、丙、丁的车各是什么颜色？请写出推理过程。

7.王小红、叶小白、徐小橙三位同学在商店门口不期而遇。忽然，她们中背着红包的一个人说："真有趣，我们三个人的包，一个是白色的，一个是红色的，一个是橙色的，可是没有一个人的包的颜色与自己的名字所表示的颜色是相同的。"叶小白立即接着说："一点也不错！"根据以上条件，判断三位同学各背什么颜色的包？请写出推理过程。

8.设下列三句话两真一假：

（1）如果李明不是木工，那么王强是电工。

（2）如果张园不是木工，那么赵平是电工。

（3）李明和张园都是木工。

试说明王强和赵平至少有一个是电工。

9.设下列四句话中只有一句为真：

（1）或者小周不学日语或者小陈不学日语。

（2）只有小周学日语，小陈才学日语。

（3）小刘学日语，小陈也学日语。

（4）小周不学日语。

请问：小周、小陈、小刘是否学日语？写出推理过程。

10.设下列四句话中只有一句为真：

（1）有P是S。

（2）如有S不是M，则有S是M。

（3）有P不是S。

（4）M都不是P。

请问：这四句话中哪一句是真的？ S 与 P 在外延上是什么关系？

📖 巩固与拓展

一、单项选择题

1.逻辑学会门口竖着一块牌子"不懂逻辑者不得入内"。这天,来了一群人,他们都是懂逻辑的人。如果牌子上的话得到准确的理解和严格的执行, 那么以下诸断定中, 只有一项是真的, 这一真的断定是（　　　）

A.他们可能不会被允许进入

B.他们不可能不被允许进入

C.他们一定不会被允许进入

D.他们不可能被允许进入

2.某集团要招聘若干名直接参加中层管理的职员。最不可能被录取的是学历在大专以下, 或是完全没有工作经验的人 ; 在有可能被录取的人中, 懂英语或懂日语将大大增加被录取的可能性。

如果上述断定为真,那么以下哪项所言及的应聘者最有可能被录用？（　　　）

A.王先生现年过 40 岁, 中专学历, 已有五年宾馆前台经理的从业经验

B.赵女士, 硕士学位, 出版过专著, 现职为教师, 出于经济原因参加应聘

C.李小姐是经贸大学应届毕业生, 但曾在某商场任见习经理 6 个月

D.冯小姐是外语学院历届毕业生, 毕业后当过导游和专职翻译, 精通英语

3.如果李红是老师, 那么她一定学过心理学。

上述命题从下面哪个命题中推论出来的？ （　　　）

A.一个好老师应该学习心理学

B.只有学过心理学的人才可以做老师

C.有的老师真的不懂心理学

D.掌握心理学知识有助于提高教学效果

4.要使中国足球队真正能跻身世界强队之列, 至少必须解决两个关键问题 : 一要提高队员的基本技能 ; 二要讲究科学训练。不切实解决这两点, 即使临战时拼搏精神发挥得再好, 也不可能取得突破性的进展。

下列诸项都表达了上述议论的原意，除了（　　　）

A.只有提高队员的基本技能和讲究科学训练，才能取得突破性进展

B.除非提高队员的基本技能和讲究科学训练，否则不能取得突破性进展

C.如果不能提高队员的基本技能，即使讲究了科学训练，也不可能取得
突破性进展

D.只要提高了队员的基本技能和讲究了科学训练，再加上临战时拼搏精
神发挥得好，就一定能取得突破性进展

5.如果刘教授当选为学术委员会主任，他一定是学术委员会委员。

以上陈述是以下面哪句为假设前提的？（　　　）

A.一些学术委员可能不被选为学术委员会主任

B.只有学术委员会委员才可被选为学术委员会主任

C.只有刘教授才可当选为学术委员会主任

D.只要是教授都有可能当选为学术委员会主任

6.从赵、钱、孙、李、周、吴六位工程技术人员中选出三位组成一个特
别攻关小组，集中力量研制开发公司下一步准备推出的高技术产品。为了使工
作更有成效，我们了解到以下情况：

（1）赵、孙两个人中至少要选上一位。

（2）钱、周两个人中至少要选上一位。

（3）孙、周两个人中的每一个都绝对不要与钱共同入选。

根据以上条件，若周未被选上，则以下哪两位必须同时入选？（　　　）

A.钱、李　　　　　B.钱、吴　　　　　C.赵、李　　　　D.赵、钱

7.当爸爸、妈妈中只有一个人外出时，儿子可以留在家里。如果爸爸、
妈妈都外出，必须找一个保姆，才可以把儿子留在家中。

从上面的陈述中，可以推出下面哪项结论？（　　　）

A.儿子在家时，爸爸也在家

B.儿子在家时，爸爸不在家

C.保姆不在家，儿子不会单独在家

D.爸爸、妈妈都不在家，则儿子也不在家

8.啄木鸟集团规定，它的下属连锁分店，若年营业额超过800万元，其

雇员可获得年超额奖。2020年统计报表显示，该集团所属10个连锁分店，其中7个年营业额超过800万元，其余的不足500万元。啄木鸟集团又规定，只有年营业额都过500万元的，其雇员才能获得敬业奖。

如果上述断定都是真的，那么以下哪项关于该集团的断定也一定是真的？（   ）

（1）得敬业奖的雇员，一定得年超额奖。

（2）得年超额奖的雇员，一定得敬业奖。

（3）啄木鸟集团的大多数雇员都得了年超额奖。

A.仅（1）　　　B.仅（2）　　　C.仅（1）和（2）　　　D.仅（1）和（3）

9.远大汽车公司生产的小轿车都安装了驾驶员安全气囊。在安装驾驶员安全气囊的小轿车中，有80%安装了乘客安全气囊。只有安装乘客安全气囊的小轿车才会同时安装减轻冲击力的安全杠和防碎玻璃。

如果上述断定为真，并且事实上李先生从远大汽车公司购进的一辆小轿车中装有防碎玻璃，则以下断定一定为真的是（　　　）

（1）这辆车一定装有安全杠。

（2）这辆车一定装有乘客安全气囊。

（3）这辆车一定装有驾驶员安全气囊。

A.仅（1）　　　B.仅（2）　　　C.仅（3）　　　D.（1）、（2）和（3）

10.三位经济学毕业生王明、钱红、张丽被招商银行、建设银行和工商银行三家银行录取。对于他们分别被哪家银行录取的，老师们作了如下猜测：

王老师说：王明被建设银行录取，张丽被工商银行录取。

李老师说：王明被工商银行录取，钱红被建设银行录取。

邬老师说：王明被招商银行录取，张丽被建设银行录取。

结果，他们的猜测各对了一半。那么，他们的录取情况是（　　　）

A.王明、钱红、张丽分别被招商银行、建设银行和工商银行录取

B.王明、钱红、张丽分别被建设银行、工商银行和招商银行录取

C.王明、钱红、张丽分别被工商银行、建设银行和招商银行求取

D.王明、钱红、张丽分别被招商银行、工商银行和建设银行录取

11.如果未来的父母在孩子出生前确实想要这个孩子，那么，孩子出生后

肯定不会受虐待。以下哪一项如果成立，以上的结论才会为真？（　　　）

　　A.虐待孩子的人都是不想要孩子的

　　B.爱孩子的人不会虐待下一代

　　C.不想要孩子的人通常也会抚养孩子

　　D.不爱自己孩子的人通常会虐待孩子

12.大嘴鲈鱼只在有鲦鱼出现的河中长有浮藻的水域里生活。漠亚河中没有大嘴鲈鱼。

　　根据上述断定，以下哪项结论一定为真？（　　　）

　　(1)鲦鱼只在长有浮藻的河中才能发现

　　(2)漠亚河中既没有浮藻，又发现不了鲦鱼。

　　(3)如果在漠亚河中发现了鲦鱼，则其中肯定不会有浮藻。

　　A.只有(1)　B.只有(2)　C.只有(3)　D.(1)、(2)和(3)都不是

13.微波炉清洁剂中加入漂白剂，就会释放出氯气；在浴盆清洁剂中加入漂白剂，也会释放出氯气；在排烟机清洁剂中加入漂白剂，没有释放出氯气。现有一种未知类型的清洁剂，加入漂白剂后，没有释放出氯气。

　　根据上述实验,以下哪项关于这种未知类型清洁剂的断定一定为真？（　　　）

　　(1)它是排烟机清洁剂。

　　(2)它既不是微波炉清洁剂，也不是浴盆清洁剂。

　　(3)它要么是排烟机清洁剂，要么是微波炉清洁剂或浴盆清洁剂。

　　A.仅(1)　　　　　B.仅(2)　　　　　C.仅(3)　　　　　D.仅(1)和(2)

14.环境污染已成为全世界普遍关注的问题。科学家和环境保护组织不断发出警告：如果我们不从现在起就重视环境保护，那么人类总有一天将无法在地球上生存。

　　以下哪项解释最符合以上警告的含义？（　　　）

　　A.如果从后天而不是从明天起就重视环境保护，人类的厄运就要早一天到来

　　B.只要我们从现在起就重视环境保护，人类就不至于在这个地球上无法生存下去

　　C.由于科学技术发展迅速，在厄运到来之前人类就可能移居到别的星球

　　上去了

D. 对污染问题的严重性要有高度的认识，并且要尽快采取行动做好环保
　　工作

15. 某单位要从 100 名报名者中挑选出 20 名献血者进行体检。最不可能
被挑选上的是 2018 年以来已经献过血，或是 2020 年以来在献血体检中不合
格的人。

　　如果上述断定是真的，那么以下哪项所言及的报名者最有可能被选上？
（　　　）

A. 小张 2020 年献过血，他的血型是 O 型，医用价值最高

B. 小王是区献血标兵，近年来每年献血，这次他坚决要求献血

C. 小刘 2021 年报名献血，因"澳抗"阳性体检不合格，这次出具了"澳抗"
　　转阴的证明，并坚决要求献血

D. 大陈最近一次献血时间是在 2017 年，他因公伤截肢，血管中流动着义
　　务献血者的血。他说："我比任何人都有理由献血。"

16. 某地有两个奇怪的村庄，张庄的人在星期一、星期三、星期五说谎，
李村的人在星期二、星期四、星期六说谎。在其他日子他们说实话。一天，外
地的王聪明来到这里，见到两个人，分别向他们提出关于日期的问题。两个人
都说："前天是我说谎的日子。"

　　如果被问的两个人分别来自张庄和李村，以下哪项最可能为真？（　　　）

A. 这一天是星期五或星期日　　　　　　B. 这一天是星期一或星期三

C. 这一天是星期四或星期五　　　　　　D. 这一天是星期三或星期六

17. 在某餐馆中，所有的菜或属于川菜系或属于粤菜系，张先生的菜中有
川菜，因此张先生的菜中没有粤菜。

　　以下哪项最能增强上述论证？（　　　）

A. 餐馆规定，点粤菜就不能点川菜，反之亦然

B. 餐馆规定，如果点了川菜，可以不点粤菜，但点了粤菜，一定也要点川菜

C. 张先生是四川人，只喜欢川菜

D. 张先生是四川人，最不喜欢粤菜

18. 许多自称为教师的人实际上并不是教师，因为教书并不是他们的主要

收入来源。

上述议论假设了以下哪项断定？（　　）

A.教书所得收入不能维持教师的正常生活

B.许多被称为教师的人缺乏合格的专业知识与技能

C.收入的多少可以衡量一项职业受社会重视的程度高低

D.一个人不能称之为作家，除非写作是其主要的收入来源。教师的情况
　也一样

19.对冲基金每年提供给它的投资者的回报从来都不少于25%。因此，如果这个基金每年最多只能给我们20%的回报的话，它就一定不是对冲基金。

以下哪项的推理方法与上文相同？（　　）

A.好的演员从来都不会因为自己的一点进步而沾沾自喜，谦虚的黄升一
　直注意不以点滴的成功而自傲，看来黄升就是好演员

B.第一食堂的饭菜一般比第二食堂的贵。如果某同学所处的位置正好在第
　一食堂和第二食堂中间，他选择了第二食堂，那就体现了节约的美德

C.如果一个公司在遇到金融危机时还能保持良好的增长势头，那么在危
　机过后就会更红火。乘东电信公司今年在金融危机中没有退步，所以
　明年会更旺

D.一所一流高校在一批老教授离开工作岗位后，会有一批年轻的学术人
　才脱颖而出，勇挑大梁。华成大学自去年一批老教授退休后，大批年
　轻骨干纷纷外流，一时间群龙无首，看来华成大学还算不上是一所一
　流高校。

20.在美国，企业高级主管和董事们买卖他们手里的本公司股票是很普遍的。一般来说，某种股票内部卖与买的比率低于2：1时，股票价格会迅速上升。近些天来，虽然 MEGA 公司的股票价格一直在下跌，但公司的高级主管和董事们购进的股票却九倍于卖出的股票。

以上事实最能支持以下哪种预测？（　　）

A.MEGA 股票内部买卖的不平衡今后还将增

B.MEGA 股票的价格会马上上涨

C.MEGA 股票的价格会继续下降，但速度放慢

D.MEGA 股票的大部分仍将由其高级主管和董事们持有

21.刘先生一定是结了婚的,你看,他总是穿着得体、干干净净的。

上述结论是以下述哪项前提作为依据的?(　　)

A.除非结了婚,男人都是一副不修边幅、胡乱穿着的样子

B.所有结了婚的男人都穿着整齐、干净

C.如果有男人结了婚,他的穿着一定经常有人照料

D.如果不是穿得体面又干净,刘先生恐怕现在还是单身一人

22.假设"如果甲是经理或乙不是经理,那么丙是经理"为真,由以下哪个前提可推出"乙是经理"的结论?(　　)

A.丙不是经理　　　　　　B.甲和丙都是经理

C.丙是经　　　　　　　　D.甲或丙有一个不是经理

23.如果飞行员严格遵守操作规程,并且飞机在起飞前经过严格的例行技术检验,那么飞机就不会失事,除非出现如劫机这样的特殊意外。这架波音747在金沙岛上空失事。

如果上述断定是真的,那么以下哪项也一定是真的?(　　)

A.如果失事时无特殊意外发生,那么飞行员一定没有严格遵守操作规程,并且飞机在起飞前没经过严格的例行技术检验

B.如果失事时有特殊意外发生,那么飞行员一定严格遵守操作规程,并且飞机在起飞前经过了严格的例行技术检验

C.如果失事时没有特殊意外发生,那么可得出结论:只要飞机失事的原因不是飞机在起飞前没有经过严格的例行技术检验,那么一定是飞行员没有严格遵守操作规程

D.如果失事时没有特殊意外发生,那么可得出结论:只要飞机失事的原因是飞行员没有严格遵守操作规程,那么飞机在起飞前一定经过了严格的例行技术检验

24.只要天上有太阳并且气温在零摄氏度以下,街上总有很多人穿皮夹克。只要天下着雨并且气温在零摄氏度以上,街上总有人穿雨衣。有时,天上有太阳但却同时下着雨。

如果上述断定是真的,那么以下哪项一定是真的?(　　)

A. 有时街上有人在皮夹克外面套着雨衣

B. 如果气温在零摄氏度以下并且街上没有多少人穿着皮夹克，那么天一定下着雨

C. 如果气温在零摄氏度以上并且街上有人穿着雨衣，那么天一定下着雨

D. 如果气温在零摄氏度以上但街上没有人穿雨衣，那么天一定没下雨

25. 一个产品要想稳固地占领市场，产品本身的质量和产品的售后服务二者缺一不可。空谷牌冰箱质量不错，但售后服务跟不上，因此，很难长期稳固地占领市场。

以下哪项推理的结构和题干的最为类似？（　　　）

A. 德才兼备是一个领导干部敬职胜任的必要条件。李主任富于才但疏于德，因此，他难以敬职胜任

B. 如果天气晴朗并且风速在三级以下，跳伞训练场将对外开放。今天的天气晴朗但风速在三级以上，所以跳伞场地不会对外开放

C. 必须有超常业绩或者教龄在 30 年以上，才有资格获得教育部颁发的特殊津贴。张教授获得了教育部颁发的特殊津贴但教龄只有 15 年，因此，他一定有超常业绩

D. 如果不深入研究广告制作的规律，那么所制作的广告知名度和信任度不可兼得。空谷牌冰箱的广告既有知名度又有信任度，因此，这一广告的制作者肯定深入研究了广告制作的规律

26. 正是因为有了第二味觉，哺乳动物才能够边吃边呼吸。很明显，边吃边呼吸和哺乳动物高效率的新陈代谢是必要的。

以下哪种哺乳动物的发现，最能削弱以上断定？（　　　）

A. 有高效率的新陈代谢和边吃边呼吸能力的哺乳动物

B. 有低效率的新陈代谢和边吃边呼吸能力的哺乳动物

C. 有低效率的新陈代谢但没有边吃边呼吸能力的哺乳动物

D. 有高效率的新陈代谢但没有第二味觉的哺乳动物

27. 以下是一个西方经济学家陈述的观点：一个国家如果能有效地运作经济，就一定能创造财富而变得富有；而这样的一个国家想保持政治稳定，它所创造的财富必须得到公正的分配；而财富的公正分配将结束经济风险；但经济

风险的存在正是经济有效率运作所不可或缺的先决条件。

根据这个经济学家的上述观点，可以得出以下哪项结论？（　　）

A.一个国家政治上的稳定和经济上的富有不可能并存

B.一个国家政治上的稳定和经济上的有效率运作不可能并存

C.在一个经济运作无效率的国家中，财富一定得到了公正的分配

D.一个政治上不稳定的国家，一定同时充满了经济风险

28.一本小说要畅销，必须有可读性；一本小说，只有深刻触及社会的敏感点，才能有可读性；而一个作者如果不深入生活，他的作品就不可能深刻触及社会的敏感点。

以下哪项可以从题干的断定中推出？（　　）

（1）一个畅销小说作者，不可能不深入生活。

（2）一本不触及社会敏感点的小说，不可能畅销。

（3）一本不具有可读性的小说的作者，一定没有深入生活。

A.只有（1）　　　B.只有（2）　　　C.只有（3）　　　D.只有（1）和（2）

二、综合分析题

1.请根据下文中福尔摩斯与华生的对话，梳理福尔摩斯认定凶手的推理过程和依据。

福尔摩斯勘查了一件谋杀案的现场后，对该案的凶手进行了分析认定：

"这是一件谋杀案。凶手是个男人，他六尺多高，正当中年……穿着一双粗皮方头靴子，抽的是印度雪茄烟……"

雷斯垂德（官方侦探）问道："如果这个人是杀死的，那么又是怎样谋杀的呢？"

"毒死的。"福尔摩斯简单地说，"我的话绝对没错。"

华生："……其中一个人的身高你又是怎样知道的呢？"

"唔，一个人的身高，十有八九可以从他步伐的长度上知道。……我是在黏土地上和屋内的尘土上量出那个人步伐的距离的。接着我又发现了一个验算我的计算结果是否正确的办法。大凡人在墙壁上写字的时候，很自然会写在和视线相平行的地方。现在壁上的字迹离地刚好六尺。"

华生："至于他的年龄呢？"

"好的，假若一个人能够不费力地一步跨过四尺半，他决不会是一个老头子。小花园里的通道上就有那样宽的一个水洼，他分明是一步迈过去的，而漆皮靴子却是绕着走的，方头靴子是从上面迈过去的。"

华生："手指甲和印度雪茄烟呢？"

"墙上的字是一个人用食指蘸着血写的。我用放大镜看出写字时有些粉被刮了下来。如果这个人指甲修剪过，决不会是这样的。我还从地板上收集到一些散落的烟灰，它的颜色很深而且是呈片状的，只有印度雪茄的烟灰才是这样的。"

2.请阅读下文中林肯的辩护词，分析这段辩护词中包含哪些推理。

林肯出任美国总统前是一名出色的律师，他曾为被告作过一次精彩的辩护。事情是这样的：小阿姆斯特朗被控犯有"谋财害命罪"。一个叫福尔逊的人作证说："我在10月18日晚间亲眼看见被告用枪击毙了被害者。"林肯在辩护过程中，与福尔逊有如下的对话。

林　肯：你发誓说认清楚是被告？

福尔逊：是的。

林　肯：你在草堆后，被告在大树下，你们相距二三十米，你能看清楚吗？

福尔逊：看得很清楚，当时有月亮，很明亮。

林　肯：你肯定不是从衣着方面认清的吗？

福尔逊：不是的，我肯定看清了他的脸，因为当时月光正照在他的脸上。

林　肯：你能肯定是在晚上11点钟吗？

福尔逊：完全肯定，因为我回到屋里看了时钟，那时正是夜里11点15分。

林　肯：（转身对旁听者）我不得不告诉大家，这个证人是彻头彻尾的骗子！他一口咬定10月18日晚上11点钟在月光下看清了被告的脸，请大家想一想，10月18日那天是上弦月，晚上11点钟，月亮已经下山了，哪里还有月光？退一步说，也许他记得时间不准，时间稍有提前，月亮还没有下山，但那时月光应从西往东照，草堆在东，大树在西，如果被告的脸面对草堆，月光只能照到被告的后脑，脸上不可能照到月光的，证人怎么可能从二三十米以外看清被告的脸呢？如果被告脸朝西，月光可以照到脸上，但证人在大树东边的草堆后面，那么证人也根本不可能看到被告的脸。

3.结合下列文字材料，结合实例说明疫情流调过程中的判断分析，并用推理形式表达。

流行病学调查简称流调，是针对传染病的溯源工作，包括传染源、传播途径、易感染人群等方面的调查，也是阻断疫情传播最重要的工作之一。流行病学调查员就是医学里面的侦探，做疫情流调不仅要有医学方面的专业知识，还涉及人文学、社会学、心理学等专业，是一个综合性的学科。

"疫情防控中，对流调是有时限要求的，两小时内要上报国家疫情系统，4 小时内要获取核心信息，病例的流调报告必须在 24 小时之内完成。"国家突发急性传染病防控队（广西）现场调查组副组长钟延旭介绍，虽然病例溯源工作是个漫长的过程，但流调必须在最短的时间内获取病例的密切接触者、次密接触者、高危人群情况，以便及时管控，最大限度阻断疫情传播。

"流调中，对获取的每一个信息，都需要有两个以上的信息源相互佐证，才能保证其准确性。如果流调不彻底、不准确，就会导致病毒突围，疫情再次蔓延。"

"针对病例溯源上的困难，我们流调队员除了运用流行病学调查的专业知识外，还采用基因测序等科技手段识别病毒毒株以及传播代次，并借助公安、通信等大数据，获悉病例的活动轨迹和时空交集，来进行调查、甄别和判断。"在全国参加过多数次疫情处置工作的钟延旭对流调方法如数家珍。

钟延旭称，打赢与病毒的战争还要靠发动群众，这不仅体现在提高群众防范意识方面，在流调中群众的举报也发挥了关键作用。

资料来源：《专访疫情流调"侦探"：4 小时内就要获取核心信息》

（海外网，2022 年 1 月 3 日）

第六章　逻辑思维的基本规律

学习提示

本章介绍逻辑思维的基本规律，包括同一律、矛盾律、排中律和充足理由律。通过学习，了解逻辑思维基本规律的内容和要求，正确理解它们的性质和作用范围，并能在实际生活中自觉遵守逻辑思维的基本规律，揭露并纠正违反逻辑思维基本规律的各种错误。本章学习过程中，要注意以下问题：违反同一律、矛盾律、排中律和充足理由律所导致的逻辑错误，矛盾律与排中律的区别，充足理由律与前三条规律的区别和联系。

第一节　逻辑思维基本规律概述

一、什么是逻辑思维基本规律

人们在正确进行逻辑思维时，既要正确运用各种逻辑方法和推理形式，还要遵守最基本的思维法则，这就是逻辑思维的基本规律。逻辑思维的基本规律是思维形式的基本规律，是人们正确运用各种思维形式的概括、抽象和总结。逻辑思维基本规律包括：同一律、矛盾律、排中律和充足理由律。

人们在思维中经常运用的各种逻辑形式，都有各自特殊的规则，如概念的定义规则、划分规则，性质命题的换质和换位规则，以及推理和论证的各种规则。在思维过程中，我们不仅要遵守这些思维形式的特殊规则，还要遵守一些基本的、广泛适用的基本规律。这些基本规律分别贯穿于所有的逻辑形式之中，是思维的内在的、本质的联系。各种思维形式的具体规则是从基本规律中派生出来的，是基本规律在各种思维形式中的具体体现。

逻辑思维基本规律是思维形式的基本规律，而不是客观事物的规律。客观事物本身并不存在是否遵守同一律、矛盾律、排中律和充足理由律的问题。可以说，逻辑思维基本规律是客观事物的某些普遍特性和关系在人们思维中的反映。逻辑思维基本规律，虽然是抽象思维的规律，且只是在理性认识阶段起作用，但它不是先验的东西，也不是约定俗成的，而是人类在长期的实践活动中对思维活动的概括和总结。因而逻辑思维基本规律同其他规律一样具有客观性，反映了思维过程中不可更改的客观内容。因此，人们在思维活动中，只能去认识它、把握它、遵循它，但不能去加以改变或废除，一旦人们在思维活动中违反了这些规律，那么，就会导致思维的混乱。

二、逻辑思维基本规律的作用

逻辑思维基本规律作为人类进行思维活动的基本规律，对人们进行正确思维有着重要的作用，它是思维活动必须遵守的起码准则。

首先，逻辑思维基本规律对思维活动有规范和强制性。逻辑思维基本规律不是人们主观臆想的产物，而是对客观事物的一定规律和关系的反映。只有遵守这些规律，思维活动才能保证其确定性、前后的一贯性、明确性和论证性，才能符合客观事物的规律。因此，遵守思维基本规律是人们进行正确思维活动的前提。因此，逻辑思维基本规律对思维活动有着规范作用和强制作用，是进行思维活动的最起码准则。

其次，逻辑思维基本规律是各种思维形式具体规则的依据。逻辑思维基本规律是普遍适用于一切思维形式的。逻辑思维中有关概念、命题、推理和论证的各种具体规则是以基本规律为依据而制定的，分别适用于不同思维形式的具体规定。如定义规则中的"定义必须相称"、划分规则中的"划分的标准应当同一"，就是同一律的具体化。

第二节　同一律

一、同一律的内容和要求

同一律的内容是：在同一思维过程中，每一思想与其自身是同一的。

同一律可以用公式表示为：A 是 A，或 A 等值于 A。

用符号表示为：$A \longleftrightarrow A$。

这里的"A"表示任一思想，即它可以表示任一概念或命题。这个公式是说，在同一思维过程中，即在同一时间、同一关系下，对同一对象的任何一个概念或命题，其自身都具有同一性。所谓概念同一，就是一个概念反映什么对象就是什么对象。所谓命题同一，就是一个命题反映事物情况怎样就是怎样，在同一思维过程中始终是同一的。

同一律是保证思维形式具有确定性与内容一致性的逻辑规律，其基本要求如下：

第一，在同一思维过程中，概念必须始终保持同一。同一个概念在同一命题、推理过程中可能多次出现，但应保持其自身的同一，不能任意变更。概念同一，包括概念内涵和外延的同一。为保证概念自身的确定性，一是要在同一思维过程中，不能用另外一个不同的概念替代原来的概念；二是在同一思维过程中，不能把两个不同的概念混为一谈。

第二，在同一思维过程中，命题必须始终保持同一。即一个命题是什么命题就是什么命题，是真的就是真的，是假的就是假的。换言之，在同一思维过程中，命题必须保持自身的同一，不能随意转换。

二、违反同一律的逻辑错误

根据同一律的要求，违反同一律的逻辑错误主要可分为两类：

1. 概念方面的逻辑错误

违反同一律，在概念方面所犯的逻辑错误主要是**偷换概念**和**混淆概念**。

（1）偷换概念

偷换概念是指在同一思维过程中，用另外一个内涵和外延不同的概念替换原来的概念。偷换概念是论敌经常使用的诡辩手法之一，其目的在于颠倒黑白，混淆是非，使人上当受骗。由于在自然语言中同一语词可以表达不同的概念，所以，偷换概念更多地表现在同一思维过程中故意用含义不同的同一语词，更换原来语词所表达的确定概念，以达到混淆是非的目的。例如："人民是历史的创造者，我是人民，所以我是历史的创造者。"这里的两个"人民"，语言形式相同，但所表达的概念不同，前一个"人民"是指在历史上能够推动历史前进的"人们"，是一个集合概念；后一个"人民"是指一个个具体的"个人"，是一个非集合概念。这里是用一个非集合概念偷换了一个集合概念。因此，这个推理是不成立的。

（2）混淆概念

混淆概念是指无意识地把不同的概念当作同一概念来使用所犯的逻辑错误。这种逻辑错误多是由于思想模糊，认识不清，或是由于缺乏逻辑素养，不善于准确地使用概念来表达思想所造成的。它同偷换概念的最大区别在于，偷换概念是有意识的，而混淆概念是无意识的。

2. 命题方面的逻辑错误

违反同一律，在命题方面所犯的逻辑错误主要是**偷换论题**和**转移论题**。

（1）偷换论题

偷换论题是指故意违反同一律的要求，用另一个论题暗中代替所要讨论的原论题所致的逻辑错误。如在历史上，无政府主义者故意将马克思主义的一个重要论点"人们的经济地位决定着人们的意识"，歪曲为"吃饭决定思想体系"，然后再对其进行攻击。马克思主义者在揭露这一偷换论题的诡辩伎俩时指出：马克思说过，人们的经济地位决定人们的意识，决定人们的思想，可是谁向你们说过吃饭和经济地位是同一种东西呢？难道你们不知道，像吃饭这样的生理现象是和人们的经济地位这种社会现象根本不同的吗？

偷换论题是一种有意识地用一个论题替代原来的论题，以攻击对方维护错误的诡辩手法，必须加以揭露和批判。

（2）转移论题

转移论题是指无意识地违反同一律的要求，使议论离开了原论题所犯的逻辑错误。其表现形式是多种多样的。如，说话或写文章时，没有保持论题的始终如一，从而文不对题（作文中的跑题、偏题）；讨论和研究问题时不围绕中心议题，漫无边际地讨论，或离题万里；回答问题时，所答非问等。

三、正确运用同一律

同一律的主要作用在于保证思维的确定性。只有遵守同一律，才不致产生"偷换概念"和"转移论题"的逻辑错误，才能使思维活动正常地进行下去。只有遵守同一律，才能使文章或讲话的主题明确、思路连贯、有条理、首尾照应，从而构成一个有机整体。只有遵守同一律，开会才能有中心，辩论才能不离题。总之，遵守同一律，是正确思维和表达思想的必要条件。

同一律是指在同一思维活动中，每一思想与其自身具有同一性。它并不否认事物的发展变化以及反映这些事物的概念和命题的变化。它只要求在同一时间、同一关系下对同一对象的认识是同一的，它同形而上学有着本质的区别。如果把同一律理解为"A 在任何情况下都是 A"，否认事物的发展，从而否认反映事物或思想的发展变化，只能造成思想僵化。

第三节　矛盾律

一、矛盾律的内容和要求

矛盾律又称不矛盾律。它的基本内容是：在同一思维过程中，一个思想不能既是其自身，又是对自身的否定。换言之，在同一思维过程中，一个思想与同它相否定的思想不能同时为真。

矛盾律可以用公式表示为：A 不是非 A，或者并非（A 并且非 A）。

用符号表示为：$\overline{A \land \overline{A}}$。

这里的 A 表示一个思想，$\overline{A}$ 表示与 A 互相矛盾或互相反对的思想。这个公式是说，在同一思维过程中，A 与 $\overline{A}$ 不可能都是真的。即如果 A 是真的，那么 $\overline{A}$ 假；如果 $\overline{A}$ 真，那么 A 假。A 与 $\overline{A}$ 之中必有一个是假的。

矛盾律的逻辑要求：在同一思维过程中，任何思想，无论是概念、命题、推理、论证，还是理论体系，自身都不能包含逻辑矛盾。根据这一要求，可以引申出矛盾律在概念和命题两方面的具体要求：

从概念来讲，矛盾律要求在同一思维过程中，不能同时用两个相互矛盾或相互反对的概念指称同一对象。如，"亮着灯光的漆黑教室""五颜六色的白布"等。

从命题来讲，矛盾律要求同一思维过程中，两个相互矛盾或相互反对的命题不能同时都肯定。如"所有 S 是 P"与"有 S 不是 P"、"所有 S 是 P"与"所有 S 不是 P"这两组命题中的两个命题不能同时都肯定，必有一个是假的。

二、违反矛盾律的逻辑错误

违反矛盾律要求的逻辑错误是：**自相矛盾**。

在同一时间、同一关系下，对同一对象所作出的具有矛盾关系或反对关系的命题，不能断定它们都是真的。如果断定它们都是真的，就违反了矛盾律，犯了"自相矛盾"的逻辑错误。如，我国古代思想家韩非，早就认识到思维过程不可自相矛盾。他用一个生动的寓言故事提出了"矛盾"之说，既表述了矛盾律的思想，又分析了自相矛盾的错误。

这个故事是说，楚国有一个卖盾和矛的人，他吹嘘自己的盾是如何得坚固："吾盾之坚，物莫能陷也。"又吹嘘自己的矛是如何得锋利："吾矛之利，于物无不陷也。"当有人问他："以子之矛陷子之盾，何如？"他无言以对。韩非的结论是："夫不可陷之盾与无不陷之矛，不可同世而立。"从逻辑上分析，卖矛和盾的楚人之所以无言以对，是因为他同时承认了两个相互反对的命题——"我的盾是不能被任何东西刺穿的"与"我的盾能被我的矛所刺穿"、"我的矛能刺穿一切东西"与"我的矛不能刺穿我的盾"都为真——犯了自相矛盾的逻辑错误。韩非得出结论：同时承认有不能被任何东西刺穿的盾和任何东西都能刺穿的矛，是不能成立的。

在日常生活中，有些人由于不注意逻辑性，往往会出现自相矛盾的逻辑错误。例如：

（1）夜晚，远远望去，整栋楼漆黑一团，只有一个房间还灯火辉煌。

（2）严禁触摸电线！ 500 伏高压，一触即死，违者法办。

例（1）同时肯定了"整栋楼没有灯火，是漆黑一团的""一个房间灯火辉煌，整栋楼不是漆黑一团的"这两个相互矛盾的命题，犯了自相矛盾的逻辑错误。例（2）中既然触摸电线者"一触即死"，是死人，何以"法办"？既然要"法办"就一定不会"一触即死"。从逻辑上分析，例（2）用"死人"与"法办"这两个相互反对的概念指称了同一对象（触摸者），从而形成了逻辑矛盾。

当然，在现实中遇到的逻辑矛盾，并不都像上述举例中的那么简单，两个相互否定的概念、命题紧紧相连，而常常是相隔甚远，要经过分析、推导、引申，才能看出命题之间含有的逻辑矛盾。这就要求我们在说话、写文章的时候，必须自觉地遵守矛盾律，保持思想的连贯性。尤其是在发表较长的演说或写较长文章时，更需要严密思考，对所论述的论点，要通盘考虑，不要在前面作了肯定，到后面又加以否定，从而造成论断之间的相互矛盾。

三、正确使用矛盾律

矛盾律的作用在于保持思维的首尾一贯性。只有遵守矛盾律，思想才不至于出现自相矛盾。一个论证，一篇文章，如果存在逻辑矛盾，其中必有谬误。因此，遵守矛盾律，也是正确思维和表达的必要条件。

矛盾律是思维的基本规律，而不是事物自身的规律，它的作用在于排除思维自身的逻辑矛盾，保证思维的无矛盾性。因此，它并不排除事物自身的矛盾性，并不禁止人们去反映事物自身的对立统一。思维自身的不矛盾性与客观事物自身的矛盾性并不矛盾，这二者我们不能混为一谈。矛盾律的要求只限于同一过程。如果在不同的时间、不同的关系、不同的对象上，矛盾律的要求就没有约束力。如："帝国主义和一切反动派都有其二重性，从战略上看是纸老虎，从战术上看是真老虎。"这是从事物的不同方面来论述事物，不属于同一思维过程，因此，并不违反矛盾律。这里要指出的是，矛盾律只适用于相互矛盾和相互反对的概念和命题，但不适用于下反对关系，因为下反对关系可以同真。

第四节　排中律

一、排中律的内容和要求

排中律的内容是：在同一思维过程中，两个相互否定的思想不能同时都假，必有一真。

排中律的公式可表示为：**A 或者非 A**。

用符号表示为：$A \lor \overline{A}$。

"A 或者非 A"表示两种相互矛盾的思想，必有一真。即在同一思维过程中，如果 A 是假的，那么 $\overline{A}$ 真；如果 $\overline{A}$ 假，那么 A 真。A 与 $\overline{A}$ 之中必有一个是真的。

排中律的逻辑要求：在同一思维过程中，对于两个具有矛盾关系或下反对关系的思想，不能同时都加以否定。根据这一要求，可以引申出排中律在概念和命题两方面的具体要求：

从概念的角度看，排中律要求在同一思维过程中，就同一对象来讲，它必定由矛盾概念中的一个（或者"A"，或者"非 A"）来反映。这里的矛盾概念是与对象处于同一论域的。如"进入学校的人员"这个论域中，一个人必定要由"本校人员"和"非本校人员"这一对矛盾概念中的一个来反映。

从命题的角度看，排中律要求在同一思维过程中，对于同一对象所作的两个相互矛盾或下反对关系的命题必须要肯定其中一个是真的，不能同时肯定两个命题都假。例如，"这支球队技术好而且作风好"与"这支球队或技术不好，或作风不好"，这组命题就是矛盾命题，其中必有一真，不能全假。要么"这支球队技术好而且作风好"为真，要么"这支球队或技术不好，或作风不好"为真。

二、违反排中律所犯的逻辑错误

违反矛盾律要求的逻辑错误是：**模棱两可。**

在同一时间、同一关系下，对同一对象所作出的具有矛盾关系或下反对关系的命题，不能断定它们都是假的。如果断定它们都是假的，就违反了排中律，犯了"模棱两可"的逻辑错误。常见的"模棱两可"逻辑错误，其表现形式可以是对矛盾思想的全部明确否定，也可以是含糊其辞、不作断定。例如：

（1）青年人应不应该有个人志愿呢？我认为有个人志愿不好，没有个人志愿也不好。

（2）我们不能说这篇文章所阐述的观点是全面的，也不能说这篇文章所阐述的观点是片面的。

上面两个例子都违反了排中律，犯了"模棱两可"的逻辑错误。例（1）是对两个具有矛盾关系的命题同时作了否定；例（2）是对两个相互否定的思想不作明确的肯定和否定，而是含糊其辞、不作断定。

三、正确运用排中律

排中律的主要作用是保证思维的明确性或确定性。思维有了明确性，才能正确地反映客观事物。排中律在实际运用中不仅有助于消除思维中的"两不可"现象，保证思维的明确性，同时也要求我们在真理与谬误、是与非面前旗帜鲜明，不能含糊。在同一思维过程中，面对两个相互否定的思想，一定要在真假是非面前作出非此即彼的选择。诡辩者和坚持错误思想的人总是回避在相互排斥的观点之间作出明确选择，我们运用排中律，就可以首先从逻辑上揭露其诡辩手法，进而驳斥其观点的谬误。

排中律是思维的基本规律，而不是客观事物本身的规律，因此，它只能适用于思维领域。排中律并不否定事物本身所存在的两种以上的可能情况或某种中间状态。它只能保证思维中的无矛盾性和明确性，并不能保证客观事物本身不具有矛盾性。唯物辩证法恰恰认为任何客观事物自身都存在矛盾，它是客观事物赖以存在的依据。

同时，排中律只适用于同一思维过程中，即不在同一思维过程排中律是不起作用的。如，"人的认识是有限性和无限性的统一"，这一提法并不违反排中律。因为前一个"人的认识是有限的"是指单个人的"认识"，由于受个人实践范围、实践深度、实践时间和经历的制约，一个人不可能穷尽对世界的认识；后一个"人的认识是无限的"，是从整个生生不息的人类而言的，这一代人认识不了的东西，下一代人有可能认识，今天认识不了的东西，明天有可能认识。在这里，它不是同一个思维过程，它指的是不同的对象（认识主体），因此，它不违反排中律。

四、排中律与矛盾律的区别

排中律和矛盾律都是思维相对确定的表现，二者之间有相似之处，但是，它们作为思维领域的两个不同规律，是有着本质区别的。其区别主要表现在：

第一，二者的适用范围不同。排中律适用于具有矛盾关系和下反对关系的概念和命题；矛盾律则适用于具有矛盾关系和上反对关系的概念和命题。

第二，二者的内容和要求不同。排中律要求在同一思维过程中互相否定的思想不能同假，必有一真。因此，它要求人们在同一思维过程中，对互相否定的思想应当有明确的断定。矛盾律则要求同一思维过程中，相互否定的思想不能同真，必有一假。因此，它要求人们在同一思维过程中，对相互否定的思想不能同时确定为真。

第三，二者的逻辑错误不同。违反排中律的逻辑错误是模棱两可；违反矛盾律的逻辑错误是自相矛盾。

第四，二者的作用不完全相同。排中律是保证思维的明确性；矛质律则是保证思维的首尾一贯性。

第五节 充足理由律

一、充足理由律的内容和要求

充足理由律的内容是：在同一思维和论证过程中，一个命题被确定为真，总是有充足理由的。

充足理由律可以用公式表示为：**A 真，因为 B 真，并且由 B 能推出 A 真。**

用符号表示为：$(B \wedge (B \to A)) \to A$。

这里的"A"表示所要确定为真的命题，即其真实性需要被确定的命题；"B"表示确定"A"为真的理由，它可以是一个命题，也可以是一组命题（B_1，B_2，B_3，…）。"B 能推出 A"表示"B"与"A"之间的逻辑关系。"B 真，并且由 B 能推出 A"表示"B"既是真实的，又是充分的，即"B"为"A"的充足理由。

充足理由律是客观事物间的必然联系，尤其是因果联系和条件联系的反映。一个事物和现象的存在，总是有其存在的原因和条件的。因此，一个命题没有充足理由，就不能被确定为真。

充足理由律对思维和论证的逻辑要求是：

第一，理由必须真实。

第二，理由与推断之间要有必然的逻辑联系，即从理由能够必然地推出结论。

在这里需要特别加以说明的是，充足理由律只能是概括地提出一个论证必须要有充足理由，它没有也不可能指出每一个具体论断中究竟应当有什么样的充足理由，理由与推断之间又应该有什么样的必然联系。这类问题应该由各门具体科学来解决。

二、违反充足理由律的逻辑错误

违反充足理由律的逻辑错误有两种：**理由虚假**和**推不出**。

1. 理由虚假

所谓理由虚假，就是以主观臆造的理由为依据进行论证。如哲学史上唯心论者提出了一个著名命题"存在就是被感知"。在他们看来，世界万事万物是否存在，就在于人们是否能够感知。在这里，感知就成了存在的理由。显然，这是一个虚假理由。因为，客观世界的存在是不以人们的意识为转移的，不管人们是否感知到，它依然存在着。深山里的老农，一辈子没有见过诸如电子计算机、射天望远镜等现代高精尖的仪器设备，但这些仪器设备不会因为他们没有感知到而不存在。

2. 推不出

所谓推不出，就是作为理由的命题虽然是真实的，但是理由与推断之间没有必然的逻辑联系，从理由的真推不出推断的真。例如，"我不必学外语，因为我不从事外事工作"，这个论证就犯了"推不出"的逻辑错误。因为从其理由"我不从事外事工作"，是不能推出"我不必学外语"这个论断的。"不从事外事工作"与"不必学外语"这二者之间没有必然的逻辑联系。在世界经济一体化进程加速的前提下，不管是否从事外事工作，都需要学习外语，以便更好地学习国外的有关先进的东西。

三、正确理解充足理由律

充足理由律主要保证思维的论证性，它是证明和反驳的基础。只有遵守充足理由律，思维与表达才能富于论证性，才能"言之成理，持之有故"。违反充足理由律，任何学说、理论都无法建立。

充足理由律是关于论证的规律，它与同一律、矛盾律和排中律有着密切的联系。

第一，前三条规律是充足理由律的基础和必要条件。因为，如果思维不确定，自相矛盾，模棱两可，那就根本谈不上所谓的论证性；如果概念和命题本身的确定性成问题，那就无法讲清由概念构成的命题之间的联系是不是合乎逻辑，也就无法断定理由与推断之间是否有必然的逻辑联系。

第二，充足理由律是前三条规律的必要补充。前三条规律主要在于保证概念和命题的确定性、一贯性和明确性，充足理由律则进一步指出命题和命题之间的联系应具有必然性和论证性。从认识的角度看，在指出事物是什么以后，自然要进一步解释事物的为什么。

在我们的思维过程中，只有遵守这四条基本规律，才能做到概念明确，命题准确，推理具逻辑性、论证有说服力。总之，这四条基本规律是思维过程中必须遵守的起码准则，是保证思维正确的必要条件。

复习思考题

1.什么是逻辑思维基本规律？其客观基础和作用是什么？

2.什么是同一律？违反同一律的错误有哪些？

3.什么是矛盾律？它的内容和要求是什么？

4.什么是排中律？它的内容和要求是什么？

5.排中律与矛盾律的区别何在？

6.什么是充足理由律？它的内容与要求是什么？

思维训练题

一、下列各题是否违反逻辑思维基本规律的要求？为什么？

1.或问文章有体乎？答：无。又问无体乎？答：有。然则果如何？答：定体则无；大体则有。

2.这个山洞从来没有人进去过。进去的人，也从来没有出来过。

3.甲乙二人下棋结束。丙问甲："你赢了吗？"甲回答说："我没赢。"又问："你输了吗？"甲回答说："我也没有输。"

4.刚才几位同志谈了对文艺创作的意见，尽管这些意见是有分歧的，但对今后的文艺创作是有益处的。对大家谈的意见，我都赞成。

5.群众是真正的英雄，小王是群众，因此，小王是真正的英雄。

6.某领导对青年人星期天搞棋类活动的请示批阅如下：对此，既不反对，也不提倡。

7.某单位准备组织职工双休日春游,工会老杨登记春游人员名单。问小李："春游,你去吗？""谁说我不去？""那好,请登记吧！""我要是去早登记了。"

8.我们不能说这篇文章的观点是全面的，但也不能说是片面的。

9.任何人的话都不能相信。

10.有的人拼命追求轻松。

11.我最大的优点是从来不谈自己的优点。

12.戴着老花镜的父亲久久凝视着比自己高半个头的小伙子，从头到脚，又从脚到头，激动得话都说不出来。

二、根据逻辑思维基本规律的知识，分析下列议论有无逻辑错误。

1.老赵来串门时，老张正伏案备课。他们有下面这样一段谈话：

赵：张老师，你最近在忙什么？

张：现在全国范围内都在讨论"实践是检验真理的唯一标准"的问题，这两天，我正忙着准备讲稿，打算给学生讲一讲这个问题。

赵:什么实践是检验真理的标准！大家都说实践重要，说来说去总是实践，这哪里还有真理？

张：这样说，恐怕不太恰当吧！

赵：你们知识分子现在也喜欢起实践来了，你们那么喜欢实践，为什么你们不下去劳动，还在这里备课、上课呢？

2.有个小朋友到邮局寄信，柜台里的阿姨告诉他："这封信超过了重量，要加贴八角邮票才能寄。"小朋友着急地说："什么？你已经嫌它太重了，加贴邮票不是更重了吗？"

3.甲："照你说来，就没有什么信念之类的东西了？"

乙："没有，根本没有！"

甲："你就那么确信吗？"

乙："是！"

4.某游泳池更衣室入口处贴着一张启示，称"凡穿拖鞋进入泳池者，罚款50元"。某顾客问："根据有关规定，罚款规定的制定和实施，必须由专门机构进行，你们怎么能随便罚款呢？"工作人员回答："罚款本身不是目的。目的是通过罚款，来教育缺乏公德的人，保证泳池的卫生。"

5.某教师说："认真学习逻辑知识、加强逻辑训练，可以有效地提高人们的逻辑思维能力。小王平时注意逻辑知识的学习和逻辑思维的训练，因此，他的思维是有条理和逻辑性的。"

6.甲："一样东西，如果你没有失去，就意味着你仍然拥有。是这样吧？"

乙："是的。"

甲："你并没有失去尾巴。是这样的吧？"

乙："是的。"

甲："因此，你必须承认，你仍然有尾巴。"

7.甲跟乙约定，"如果天不下雨，我就去晨练"。结果，天下雨了，甲依然去了晨练。乙责备甲没有遵守约定。

8.古代，一家有祖孙三代，爷爷经过寒窗苦读，由农民子弟考中状元，做了大官。不料他的儿子却游手好闲，一事无成。但他的孙子却考上了探花，于是，爷爷就经常抱怨他的儿子，说他们家就他一个人不争气。但他的儿子却说："你的父亲不如我的父亲，你的儿子不如我的儿子，我比你还争气！"

9.王大妈到商店去买布时问："你们这里有好布卖吗？"营业员回答说："我们这儿的布都是好布，坏布怎么会拿来卖呢？"王大妈为此非常生气，布没买就生气走了。

10.母亲："儿子，你的作业做完了吗？"

儿子："妈妈，你的衣服洗完了吗？"

11.在第二次世界大战时，某国空军有一条军规：如果飞行员被医生断定有精神病，他可以不参加作战飞行，在退出作战以前，他本人应提出不参加战斗的理由；而假如他意识到自己有病不能参加战斗，那就证明他头脑健全，没有精神病。

12.甲：当我国是白天时，美国正是黑夜，对吗？为什么？

乙:对的。因为美国和中国相隔一个太平洋,相隔那么远,时间肯定不相同。

三、运用逻辑思维基本规律的知识，分析下列问题。

1.甲："我明年一定能考上大学。"

乙："你这话不对。"

甲："你是说我明年不可能考上大学？"

乙："你这话也不对。"

甲："你的话是不合逻辑的。"

乙："你的话才不合逻辑。"

试问：甲乙二人究竟谁的话不合逻辑？

2.英国一位著名的数学家、逻辑学家曾提出过这样一个问题：某村子有个理发师，他规定：我只给而且一定只给那些自己不刮胡子的人刮胡子。

请问：这个理发师给不给自己刮胡子。

3.在某市举行的马拉松比赛中，标有1、2、3、4号码的运动员分别夺得了前四名。现只知道如下情况：

（1）每个运动员的名次都与自己的号码不符。

（2）第四名运动员的号码是某一运动员的名次，而这个运动员的号码又是2号运动员的名次。

（3）3号运动员不是第一名。

试问：他们各获得第几名？

4.某高校领导在讨论选派出国进修人选时，有两种主要不同意见：（1）如果选派A那么不选派B。（2）既选派A又选派C。当问到校长的意见时，校长说："这两种意见都不对，我主张选派C，不选派A。"

试分析校长的意见是否合乎逻辑？为什么？

5.A、B、C、D四位同学，在逻辑学课程考试结束后，各发议论，预测成绩。

A："我看这次考试我们都能及格。"

B："我看有人会不及格。"

C："D会及格。"

D："如果我及格，那么我们都及格。"

成绩公布后，证明只有一个人预测错误。

请问：谁预测错误？是否都及格？

6.中文系的几个学生在谈论文学作品时说起了荷花。

甲说："每年校园池塘的荷花开放几天后，就该期末考试了。"

乙说："那就是说每次期末考试前不久校园池塘的荷花已经开过了？"

丙说："我明明在期末考试后看到校园池塘里有含苞欲放的荷花嘛！"

丁说："在期末考试前后的一个月中，我每天从校园池塘边走过，可从未见到开放的荷花啊！"

请问：甲、乙、丙、丁四位同学的说法有分歧吗？为什么？

7. 王先生在互联网平台看到一则招聘启事："本公司现有员工19名，现诚聘1名策划助理。本公司人均月收入3200元以上。"在很幸运地被录取后，他第一个月拿到的正常月薪只有500元。于是王先生投诉这家公司的招聘信息不真实。

请问：这家公司的招聘信息有无不合理之处？为什么？

8. 张先生买了块新手表。他把新手表与家中的挂钟对照，发现手表比挂钟一天慢了三分钟；后来他又把家中的挂钟与电台的标准时对照，发现挂钟比电台标准时一天快了三分钟。张先生因此推断：他的手表是准确的。

请问：张先生推断的正确吗？

9. 十九世纪有一位英国改革家说，每一个勤劳的农夫，都至少拥有两头牛。那些没有牛的，通常是些好吃懒做的人。因此，他的改革方式便是国家给每一个没有牛的农夫两头牛，这样整个国家就没有好吃懒做的人了。

请问：这位改革家的改革思路合理吗？

10. 甲、乙、丙、丁四位经理，对A、B、C、D四位实习生，作出如下评价：

A：甲评价其"情商高"，乙评价其"工作细致"。

B：乙评价其"纪律性不强"，丙评价其"心理素质好"。

C：丙评价其"工作粗心"，丁评价其"沟通能力强"。

D：丁评价其"业务能力不足"，甲评价其"英文水平高"。

经公司对四位实习生实习表现综合评定后，总经理告知，每位经理对每位实习生，只有一种评价正确：有一位经理的评价全对；有一位经理的评价全错；丙不全对。最终，A被评价为"情商高"，C被评价为"工作粗心"。

试问B、D的表现如何？全对者为谁？全错者为谁？

巩固与拓展

一、单项选择题

1.一天,小刘、小程做完数学题后发现答案不一样。小刘说:"如果我的不对,那你的就对了。"小程说:"我看你的不对,我的也不对。"旁边的小冯看了两人的答案后说:"小程的答案错了。"这时数学老师刚好走过来,听见他们的谈话,并查看了他们的答案后说:"刚才你们三个人所说的话中只有一句是真的。"

根据上述信息,下述说法中哪一个是正确的?( )

A.小刘说对了,小程的答案对了

B.小冯说对了,小程的答案错了

C.小程说对了,小刘、小程的答案都不对

D.小程说错了,小刘的答案是对的

2.王说李胖,李说陈胖,陈和周都说自己不胖。

如果上述四人的陈述只有一人的陈述为假,那么谁一定胖?( )

A.仅王　　　B.仅李　　　C.仅陈　　　D.仅陈和周

3.有五名在抗日战争期间被抓到日本的原中国劳工起诉日本一家公司,要求赔偿损失。2007年日本最高法院在终审判决中称,根据《中日联合声明》,中国人的个人索赔权已被放弃,因此驳回中国劳工的起诉请求。查1972年中日两国政府签署的《中日联合声明》是这样写的:"中华人民共和国政府宣布:为了中日人民的友好,放弃对日本国的战争赔偿要求。"

以下哪一项与日本最高法院的论证方法相同?( )

A.张三会说英语,张三是中国人,所以,中国人会说英语

B.我校的运动会是全校的运动会,全国运动会是全国的运动会;我校学生都必须参加校运会开幕式,所以,全国人都要参加全国运动会的开幕式

C.教育部规定,高校不得从事股票投资,所以,南昌大学钱教授不能购买股票

D.王:"公司规定,工作时禁止抽烟。"赵:"当然,可我抽烟时从不工作。"

4.某学院最近进行了一项有关奖学金对学习效率是否有促进作用的调查,

结果表明：获得奖学金的学生比那些没有获得奖学金的学生的学习效率平均要高出 25%。调查内容包括自习的出勤率、完成作业所需要的平均时间、日平均阅读量等许多指标。这充分说明奖学金对帮助学生提高学习效率的作用是很明显的。

以下哪项如果为真，最能削弱以上的论证？（　　　）

A.获得奖学金通常是因为那些同学有好的学习习惯和高的学习效率

B.获得奖学金的同学可以更容易改善学习环境来提高学习效率

C.学习效率低的同学通常学习时间长而缺少正常的休息

D.没有获得奖学金的同学普遍觉得学习压力过重，很难提高学习效率

5.某住宅小区扩建后，新搬入的住户纷纷投诉附近高速公路噪声太大。然而，老住户们并没有声援说他们同样感到噪声巨大。尽管物业公司宣称不会置住户的健康于不顾，但还是决定对投诉不采取措施。他们认为机场的噪声并不大，因为老住户并没有投诉。

以下哪项如果为真，最能表明物业公司对投诉不采取措施的做法是错误的？（　　　）

A.物业公司工作人员的住宅并不在该小区，所以不能体会噪声的巨大危害

B.有些老住户自己配备了耳塞来解决这个问题，他们觉得挺有效果的

C.老住户觉得自己并没有与房产承销商有什么联系，也没有太大的矛盾

D.老住户认为噪声并不巨大是因为他们的听觉长期受噪音影响已迟钝失灵

6.一项全球范围的调查显示，近 10 年来，吸烟者的总数基本保持不变；每年只有 10% 的吸烟者改变自己的品牌，即放弃原有的品牌而改吸其他品牌；烟草制造商用在广告上的支出占其毛收入的 10%。在 Z 烟草公司的年终董事会上，董事 A 认为，上述统计表明，烟草业在广告上的收益正好等于其支出，因此，此类广告完全可以不做。

以下哪项，构成对董事 A 的结论的最有力质疑？（　　　）

A.董事 A 的结论忽略了对广告开支的有说服力的计算方法，应该计算其占整个开支的百分比，而不应该计算其占毛收入的百分比

B.董事 A 的结论忽视了近年来各种品牌的香烟的价格都有了很大的变动

C.董事 A 的结论基于一个错误的假设：每个吸烟者在某个时候只喜欢一

种品牌

D.董事 A 的结论忽视了：世界烟草业是一个由处于竞争状态的众多经济实体组成的

7.近期的一项调查显示：日本产"索尼"、韩国产"三星"、美国产"黑莓"三种手机最受女性买主的青睐。调查指出，在中国手机市场上，按照女性买主所占的百分比计算，这三种手机名列前三名，"索尼""三星"和"黑莓"三种手机的买主，分别有 58%、55% 和 54% 是妇女。但是最近连续 6 个月的女性购买手机量排行榜上，却都是国产的"华为"手机排在首位。

以下哪项如果为真，最有助于解释上述矛盾？（　　　）

A.每种手机的女性买主占各种手机买主总数的百分比，与某种手机的买主之中女性所占的百分比是不同的

B.排行榜的设立目的之一就是引导消费者的购买方向，而发展国产手机企业，排行榜的作用不可忽视

C.国产的"华为"手机也曾经在女性买主所占的百分比排列中名列前茅，只是最近才落到了第四名的位置

D.最受女性买主的青睐和女性买主真正去花钱购买是两回事，一个是购买欲望，一是购买行为，不可混为一谈

8.在对某生产事故原因的调查中，70% 的人认为是设备故障，30% 的人认为是违章操作，25% 的人认为原因不清，需要深入调查。

以下哪项最能合理解释上述看来包含矛盾的陈述？（　　　）

A.被调查的有 125 个人

B.有的被调查的人改变了自己的观点

C.有的被调查者认为事故的发生既有设备故障的原因，也有违章操作的原因

D.认为原因不清的被调查者实际上有自己倾向性的判断，但不愿意透露

9.法庭上正在对一名犯罪嫌疑人张某进行审讯，其辩护律师说："张某大学毕业，有较高文化水平，有美丽的妻子和可爱的女儿，他怎么可能铤而走险去抢劫银行呢！"

以下哪项中的手法与该辩护律师的手法相似？（　　　）

A."老李历史上犯过错误，受到过处理，他不可能对本企业的发展提出合理化建议。"

B."今年庄稼收成不好，固然有自然灾害方面原因，难道我们主观上就没有责任吗？"

C."李某只承认有挪用公款的行为，而拒不承认有贪污行为，这是避重就轻的做法。"

D."大风把广告牌吹倒了，造成了一定的损失，必须追究有关人员的责任。"

10.一个研究人员发现免疫系统活性水平较低的人在心理健康测试中得到的分数比免疫系统活性水平正常或较高的人低。该研究人员从这个实验中得出结论，免疫系统既能抵御肉体上的疾病也能抵御心理疾病。

以下哪项如果为真，研究人员的结论将受到最有力的削弱？（　　　）

A.在针对实验的实验性研究完成与开始实验本身之间有一年的间隔时间

B.人们的免疫系统活性水平没有受到他们服用的药物的影响

C.与免疫系统活性正常或高的人相比，免疫系统活性低的人更易感染

D.高度压力首先导致心理疾病，然后导致正常人的免疫系统活性的降低

11.警察："你为什么骑车带人，懂不懂交通规则？"

骑车人："我以前从没有骑车带人，这是第一次。"

下列哪段对话中出现的逻辑错误与题干中的最为类似？（　　　）

A.审判员："你作案后跑到什么地方去了？"被告："我没作案。"

B.母亲："我已经告诉过你准时回来，你怎么又晚回来一小时？"女儿："你总喜欢挑我的毛病。"

C.老师："王琳同学昨天怎么没完成作业？"王琳："我爸爸昨天从法国回来了。"

D.记者："你为什么拖欠农民工的工资？"包工头："因为投资方的资金没有完全到位。"

二、综合分析题

小冉特别喜欢研究汽车模型，虽然他只有8岁，但逻辑推理能力特别强。有一次，小冉和妈妈来到玩具反斗城，看到一款新出的汽车模型，顿时爱不释手。小冉知道家里的汽车模型实在太多，妈妈一定不会答应自己再买这款。突

然间，他想到了一个好主意。

"妈妈,我有两个问题要问您,您只能回答'是'或'不',不要用其他语句。但在正式提问以前，我要同您预先讲好，您一定要听清楚之后再回答，而且两个问题的答案都必须在逻辑上是完全合理的，不能自相矛盾。"小冉对妈妈说。

妈妈觉得很有意思，于是，她爽朗地说："好吧！那就请你发问吧！"

小冉说："我的第一个问题是——今天您愿意帮我买这款汽车模型吗？第二个问题是——对于这个问题的回答，与第一个问题的回答是一样的吗？"

试从逻辑角度分析妈妈该如何回答。

第七章　归纳推理

本章介绍归纳推理。归纳推理不同于演绎推理，其思维进程是从个别到一般。归纳推理又分为完全归纳推理和不完全归纳推理，两者的区别在于前提是否涵盖了所有的个别情况。不完全归纳推理又分为简单枚举推理和科学归纳推理。在本章学习过程中，要弄清演绎推理与归纳推理的区别与联系、简单枚举推理和科学归纳推理的区别与联系，以及探求因果关系的五种方法，从而在实际生活中提高运用归纳推理的能力。

第一节　归纳推理概述

一、什么是归纳推理

归纳推理是由个别性或特殊性前提推论出一般性结论的推理。

归纳推理是以人们的实践为基础的。它是从大量事实和现象中，归纳概括出具有普遍意义的一般性原理。通过归纳推理，人们不仅可从某类对象的个别事物中，推出关于这类对象的一般原理和共性的东西；也可从一般性程度较小的知识中，推出一般性程度较大的知识。例如：

金能导电，

银能导电，

铜能导电，

铁能导电，

铝能导电，

<u>金、银、铜、铁、铝都是金属，</u>

所以，金属都是能导电的。

这就是从金属这一类对象中的个别事物中，推出关于金属这一类对象所具有的共性的东西。

又如：

小王在 A 超市买到的红酒性价比高，

小张在 A 超市买到的红酒性价比高，

小刘在 A 超市买到的红酒性价比高，

<u>小陈在 A 超市买到的红酒性价比高，</u>

所以，A 超市出售的红酒性价比高。

这个推理就是从一些一般性程度较小的知识中，通过归纳概括上升到一般性程度较大的知识的推理。所以，归纳推理是从个别到一般的间接推理。

归纳推理除了完全归纳推理以外，都是或然性推理。也就是说，归纳推理的前提没有蕴含结论，其结论超出了前提的范围。即一个归纳推理，即使前提真实、推理形式正确，其结论也是可真可假的。

二、归纳推理与演绎推理的关系

归纳推理以实践为基础，可以说它是整个认识的起点和基础，它既是对前提中已有知识的归纳和概括，又是对前提中已有知识的外推，是人们探求新知识、寻求新结果的重要认识工具。但是，归纳推理也有其局限性，它不能保证从真实的前提一定得出真实的结论。这一局限，归纳推理本身无法解决，这就要依赖于演绎推理。所以，归纳推理和演绎推理之间有着紧密联系。在人类认识过程中归纳推理和演绎推理是交替使用、互相过渡、互相补充的。

（一）归纳推理与演绎推理的联系

1.归纳推理离不开演绎推理。因为归纳推理赖以进行的个别性前提是人们通过观察、实验等方法获得的。人们在观察、实验时需要一定的理论和方法为指导，人们对收集到的事实材料进行分类时都离不开演绎推理。

2.演绎推理也离不开归纳推理。因为演绎推理常常以一般性知识为前提，然后推出特殊性命题；而一般性知识的形成往往是归纳的结果。

（二）归纳推理与演绎推理的区别

1.二者的思维进程不同。演绎推理是从一般性知识推出个别性知识，即从一般到个别；而归纳推理是从个别性知识推出一般性知识，即从个别到一般。

2.二者结论所断定的范围不同。演绎推理的结论没有超出前提所断定的范围，结论是必然的；而归纳推理的结论超出了前提所断定的范围，结论是或然的。

三、归纳推理的种类

根据前提所考察范围的不同，归纳推理可分为完全归纳推理和不完全归纳推理两大类。不完全归纳推理又包括简单枚举和科学归纳法两种类型。归纳推理的种类如图 7-1 所示。

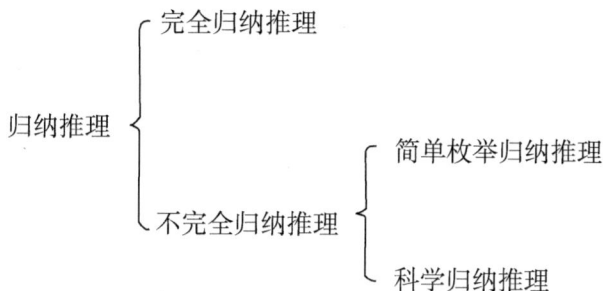

图 7-1 归纳推理的种类

第二节 完全归纳推理

一、什么是完全归纳推理

完全归纳推理是通过对某类事物所有个别对象的考察，从而作出关于该类事物一般性结论的推理。例如，三段论规则中有一条是"两个特称前提推不出结论"，这一结论则是根据两个特称命题作为前提的所有情况而得出，其推理式如下：

以 IO 为前提推不出结论，

以 OO 为前提推不出结论，

以 II 为前提推不出结论，

以 OI 为前提推不出结论，

IO、OO、II、OI 是两个特称命题的所有组合，

所以，两个特称前提推不出结论。

这就是完全归纳推理，它对两个特称命题作为前提的所有情况都进行了考察，从而我们可得出这样一个结论："两特称前提推不出结论。"

完全归纳推理的推理结构式可表示为：

S1……P

S2……P

S3……P

……

Sn……P

S1、S2、S3……、Sn 是 S 类的全部对象，

所以，所有 S……P。

其中 S 表示某类对象，S1、S2、S3……Sn 表示 S 类中的个别对象，P 表示对象具有或不具有的某种属性。

二、完全归纳推理的内容与要求

完全归纳推理是考察一类事物中的每一事物，即对该类的全部事物都作了考察。虽然完全归纳推理也具有归纳推理从"个别"到"一般"的思维进程，但完全归纳推理的结论所断定的范围没有超出前提所断定的范围，因此，其结论是必然的。也就是说，只要它的前提所断定的个别对象的情况都真实可靠，运用的推理形式正确，结论就一定是可靠的。

运用完全归纳推理时有两点要求：一是前提必须穷尽一类事物的所有个别对象。如果没有穷尽对象，结论就会不可靠。如人们最初一直认为"天鹅是白色的"，是因为没有看见黑天鹅，也就是没有穷尽天鹅的所有对象，所以导致结论不可靠。二是前提中对每一个对象所作的断定要为真。前提真实是推理有效的必要条件，完全归纳推理考察的是一类事物中的所有对象，因此要求前提中对每一对象的考察都必须为真。

完全归纳推理的前提蕴含着结论，其结论是必然的，这是其优点。然而完全归纳推理也有着局限性：一是应用范围的局限性。完全归纳推理要求对一类

事物的全部对象必须无一遗漏地进行考察。如果被考察的对象数量非常多，这种推理在操作起来会花费大量人力物力，如果被考察的对象数量是无数个，这种推理便不适用了。二是认识程度的局限性。完全归纳推理只提供了对象是否具有某种属性的认识，至于为什么尚没有考察。因而这种推理使认识仅停留在表面或初级阶段，对于一类事物属性的剖析还有待深化。

第三节　不完全归纳推理

一、什么是不完全归纳推理

不完全归纳推理是根据一类事物部分对象的考察从而推出该类事物一般性结论的推理。例如：

地球是运动的，

月球是运动的，

太阳是运动的，_____

所以，太阳系的所有天体都是运动的。

这是一个不完全归纳推理，其前提只考察了太阳系天体这一类事物中的部分对象，而得出了关于太阳系这一类事物的一般性结论。

不完全归纳推理的结论超出了前提所断定的范围，因此，前提和结论之间的联系是或然的。但是正是由于其结论超出了前提所决定的范围，它扩大了认识范围，提供了新的知识，成为人们社会实践经常使用的一种推理形式。

不完全归纳推理主要有两种：简单枚举归纳推理和科学归纳推理。

二、简单枚举归纳推理

简单枚举归纳推理是以经验的认识为主要依据，在考察一类事物的部分对象过程中未发现反例从而作出关于该类事物一般性结论的归纳推理。例如：

$6=3+3$，

$8=5+3$，

$10=5+5$，

$12=7+5$，

14=7+7,

16=9+7,

6、8、10、12、14、16 是大于 4 的偶数,

所以,所有大于 4 的偶数都可以写成两个素数之和。

这是著名的哥德巴赫猜想,它是一个简单枚举归纳推理,前提中考察了部分大于 4 的偶数都具有可写成两个素数之和的属性,没有遇到相矛盾的情况,于是推出"所有大于 4 的偶数都能写成两素数之和"的一般性结论。

简单枚举法可以用公式表示为:

S1……P,

S2……P,

S3……P,

……

Sn……P,

S1、S2、S3……Sn 是 S 类中的部分对象,并没有遇到相矛盾的情况,

所以,所有 S……P。

简单枚举归纳推理是根据某种情况的多次重复出现,又没有发现与之相矛盾的情况而作出一般性结论的推理。应当指出,没有发现与之相矛盾的情况,并不等于客观世界中不存在相矛盾的情况,这种形式的推理的根据是不充分的,结论是或然的。结论的可靠性还有待于进一步证实。事实证明,简单枚举归纳推理的结论,被新的科学发现所推翻的情况也是常有的。如"哺乳动物都是胎生的""血是红色的"等都是通过简单枚举法推出的结论,但都被新的科学发现所推翻。科学家在澳大利亚发现了卵生的哺乳动物——鸭嘴兽、在南极洲发现有一种鱼的血是白色的。

尽管简单枚举归纳推理结论的可靠性不是很大,但是人们通常运用这种推理提出一些初步的假定,激励人们进一步开展研究工作,去证实这种假定,这对于促进科学发展和人类认知有着重要意义。

在简单枚举归纳推理运用过程中,要注意下列三个方面的要求:一是尽量增多被考察对象。考察对象的范围越广泛、数量越多,其结论的可靠性相对越高。二是尽量搜索反例。反例的出现意味着结论被否定,如果很难搜集和发现

反例，就表明某类事物中出现相矛盾情况的可能性很小，其结论的可靠性就越高。三是要杜绝主观随意性。如果只根据个别或极少数的事实，就轻易地推出一般性结论，很容易导致"**轻率概括**"和"**以偏概全**"的逻辑错误。

三、科学归纳推理

科学归纳推理是以科学分析为主要依据，通过探求某类部分对象与其属性之间的因果联系推出一般性结论的不完全归纳推理。例如：

铁受热则体积膨胀，

银受热则体积膨胀，

铜受热则体积膨胀，

铝受热则体积膨胀，

因为它们受热后，分子的凝聚力减弱，分子运动加速，分子间的距离加大，导致体积膨胀，铁、银、铜、铝都是金属，

所以，所有的金属受热，其体积都要膨胀。

这是一个科学归纳推理，它考察了金属这一类事物中的部分对象具有"受热则体积膨胀"的属性，并分析了"受热"与"体积膨胀"之间的因果关系，从而推出"金属"这一类事物都具有"受热则体积膨胀"这一属性的一般性结论。

科学归纳推理的推理结构式为：

S_1……P，

S_2……P，

S_3……P，

……

S_n……P，

S_1、S_2、S_3……S_n 是 S 类中的部分对象，并且与 P 有因果关系，

所以，所有 S……P。

科学归纳推理与简单枚举归纳推理有共同之处：它们都是属于不完全归纳推理，其前提都只考察部分对象，其结论所断定的范围都超出了前提所断定的范围。

科学归纳推理与简单枚举归纳推理又有明显区别：

一是二者得出结论的根据不同。简单枚举归纳推理是以某种属性在一类的

部分对象中重复出现且没有遇到反例而得出的结论；科学归纳推理则在简单枚举归纳推理基础上，进一步分析对象与属性间的因果关系后得出的结论。

二是二者前提数量的多寡对结论的意义不同。简单枚举归纳推理是被考察的对象越多、范围越广泛，其结论的可靠程度越高；而科学归纳推理中被考察对象的数量的多少不起决定作用，它是以认识现象间的因果联系为依据的。

三是二者的结论可靠度不同。科学归纳推理的结论比简单枚举归纳推理的结论的可靠程度要高。

第四节　探求因果联系的逻辑方法

一、因果联系

科学归纳推理相较于简单枚举归纳推理可靠度更高，源于科学归纳推理探寻了各现象之间的因果关系。那么，什么是现象间的因果关系，如何探索其因果关系，是本节要讨论的内容。

唯物辩证法告诉我们，世界上的一切现象都不是孤立存在的，都是同其他现象相联系的，任何现象的出现都是有原因的。因果联系就是指某一现象的出现必然是由其他现象引起的，同时又会引起另一现象的产生，即事物在发生、发展过程中的产生与被产生、引起与被引起的关系。因果联系普遍存在于客观物质世界中，它具有普遍性、客观性、时间上的前后相继性、确定性和复杂性等特点。

探求现象之间的因果联系是一个复杂的过程。由于现象的不同，现象之间的联系是各具特点的。这需要以各门具体科学为基础，以辩证唯物论为指导，进行严格又认真的探索。在探求现象间因果联系时，逻辑学提供了一些行之有效的方法，即求同法、求异法、求同求异并用法、共变法和剩余法，简称"求因果五法"。该方法由英国逻辑学家穆勒归纳得出，因而也称"穆勒五法"。

二、求同法

求同法又名契合法，其内容是：被研究现象在不同场合出现，而在各个场合中只有一种情况是共同的，那么这个唯一共同的情况就与该现象有因果联系。

求同法的一般形式为：

场合	有关情况	被研究的现象
1	A、B、C…	a
2	A、D、E…	a
3	A、F、G…	a
……	……	……

A 与 a 有因果联系。

例如，考察几个企业的产品质量，发现比以前有了很大的提高，这几个企业的情况都不相同，有国有企业，有私营企业，产品和现代工艺水平也不相同，但是有一点是相同的，也就是这几个企业都抓了质量管理。可见，抓质量管理同提高产品质量之间有着因果联系。

求同法的特点是：**同中求异**。"异"是指各个场合的其他情况各不相同，"同"是指各个场合都有一个共同的情况。这种方法主要用于对自然现象和社会现象的观察。

求同法的结论带有或然性。在运用求同法时，应注意以下两个问题：一是在考察的各种场合中，要尽量保证先行情况中的共同情况是唯一的。特别是在初步确定了某一相同情况后，要进一步研究不同情况中是否还隐藏着另一共同情况。二是考察的场合要尽量多些。被考察的场合越多，所得的结论就越可靠。

三、求异法

求异法又名差异法，其内容是：在被研究现象出现和不出现的两个场合中，只有一个情况不同，其他情况完全相同，而且只要这个不同情况存在，被研究现象就出现；这个情况不存在，被研究现象就不出现。那么，这个唯一不同情况就同被研究现象之间有因果联系。

求异法的一般形式为：

场合	有关情况	被研究现象
1	A、B、C…	a
2	—、B、C	—

所以，A 与 a 之间有因果联系。

例如，一个科研小组在培养水稻良种时，把一穗稻种分为两组，其中一组

用 γ 射线进行处理，另一组不作如此处理。在培养过程中，两组种子都得到同样的管理。但是，经射线处理过的种子，提前 15 天成熟，产量比另一组高出一成。于是得出结论，用射线处理过的种子与提前成熟、产量高之间有着因果联系，从而获得了培育优良新品种的新技术。

求异法的特点是：**同中求异**。"同"指两个场合除有 A 和无 A 之外，其余情况都相同；"异"是指一个场合有先行情况 A 和被研究对象 a，另一个场合没有先行情况 A 和被研究对象 a。求异法主要是一种实验的方法，在实验科学中有着更广泛的应用。

求异法的结论也带有或然性。在运用求异法时，应注意以下两个问题：一是两个场合中有无其他差异情况出现。如果其他情况中还隐藏着另一个差异情况，那么该隐藏的差异情况则有可能是被研究现象出现的真正原因。二是两个场合唯一不同的情况是被研究现象的全部原因还是部分原因。如果只是部分原因，还需要继续探求被研究现象的全部原因，才能把握这种因果联系的总体。

四、求同求异并用法

求同求异并用法又称契合差异并用法，其内容是：被研究现象在一组正面场合中出现，且在一组反面场合中不出现。如果这组正面场合中只有一个相关情况是共同的，而在一组反面场合中都没有这个情况，那么这个情况就与被研究现象之间有因果联系。

求同求异并用法的一般形式为：

场合	有关情况	被研究现象
	A B C	a
正面	A D E	a
	A F G	a
	……	……
	— B M	—
反面	— D P	—
	— F Q	—
	……	……

对比	A	a
	—	—

所以，A 与 a 有因果联系。

例如，某地对农村基层党组织进行考察，结果发现，各地自然条件不同，情况各异，但有一个共同点，即基层组织健全的，都有一个好的带头人——支部书记，凡基层党组织涣散的，都是缺少一个好的支部书记，考察组于是确定了农村基层党组织软弱涣散的主要原因，提出了加强农村基层党组织建设的意见。这里就是运用求同求异并用法。

求同求异并用法的特点是：**两次求同，一次辨异**。运用这种方法要经过三个步骤：第一步，比较正事例组的各个场合，运用求同法得知，凡有 A 的情况就有 a 出现；第二步，比较反事例组的各个场合，运用求同法得知凡无 A 的情况就无现象 a 的出现；第三步，把前两步所得结果加以比较，根据有 A 就有现象 a，无 A 就没有现象 a，运用求异法即可得知，A 与 a 之间有因果联系。

在应用求同求异并用法时应当注意以下两点：一是考察正事例组与反事例组的场合尽量多些。考察的事例和场合越多，越能排除偶然因素的干扰，结论的可靠性就越高。二是反事例组应尽量选取与正事例组相同或相似的事例。以类似的事例作比较，对于结论的可靠性才更有意义。

五、共变法

共变法的内容是：在被研究现象发生变化的各个场合中，如果其他情况保持不变，只有一种情况随着被研究现象的变化而变化，那么，这唯一变化着的情况与被研究现象之间就有因果联系。

共变法一般形式为：

场合	有关情况	被研究的现象
1	A1、B、C…	a1
2	A2、B、C…	a2
3	A3、B、C…	a3
……	……	……

A 与 a 有因果联系。

在上式中 A1、A2、A3……表示唯一变化着的相关情况 A 在不同场合的变化情况，a1、a2、a3……表示被研究现象在不同场合的变化情况，B、C 表示在不同场合中相同的情况。

例如，美国在 25 个州统计了其他情况大致相同的 100 万人，每天吸烟 1—9 支的，平均减寿 4.6 岁；每天吸烟 10—19 支的，平均减寿 5.5 岁；每天吸烟 20—29 支的，平均减寿 6.2 岁；每天吸烟 40 支以上的，平均减寿 8.3 岁。由此可以得出，每天吸烟的数量与寿命减少的年限有着共变关系。

共变法的特点是：**同中求变**。"同"是指各个场合中其他有关情况保持相同；"求变"是指寻求两个现象的相应变化关系。共变法是在现象发生量变过程中进行动态的考察。它不仅能探求现象间的因果联系，而且能找出因果的数量关系。

在运用共变法时要注意以下两点：一是要注意同被研究现象发生共变的情况是否唯一。共变法只有在单一原因和单一结果具有共变关系的情况下，才能有效地应用。二是要注意两个现象间的共变关系是否是在一定度的范围内。超出了一定度的范围，共变关系或消失，或向相反方向发展。如合理密植，可以增加农作物的产量，但超出了合理的范围，就会导致减产。因此，不能把共变关系绝对化。

六、剩余法

剩余法的内容是：如果已知某一被研究的复合现象是另一复合现象的原因，并且在这个特定范围内前一复合现象的某一部分是后一复合现象某一部分原因，那么，前一现象的剩余部分同后一现象剩余部分之间有因果联系。

因果联系的一般形式为：

A、B、C……与 a、b、c……有因果联系，

B 与 b 有因果联系，

C 与 c 有因果联系，

………

所以，A 与 a 有因果关系。

例如，19 世纪 80 年代人们认为空气中 1/5 是氧，4/5 是氮。但科学家在称量空气中的氮和氨气的氮时发现，前者比后者重近千分之一。根据这一事实，科学家得出，"空气中的氮中一定含有一种未知气体"。根据这一推论，科学家

们在 1894 年找到了前人未知的元素——氩。这就是运用了剩余法，即已知氨气中的氮是由气体本身的重量所致，又已知空气中的氮比氨气中的氮重，所以，空气中的氮一定含有一个未知的气体。

剩余法的特点是：**从余果中求余因**。也就是说，在具有因果联系的复合现象中，减去已知的那些因果联系，剩下的就是所要探求的因果联系。剩余法广泛地用于科学探索中。

在运用剩余法时要注意以下两个问题：一是剩余现象的原因是否是已知情况。如果剩余现象仍是已知那一部分情况起作用的结果，则应用剩余法所得的结论就不成立。二是剩余的原因是否是单一情况。如果剩余的原因对于剩余的结果来说不是单一的原因，而仅仅是部分原因，就不能得出确定的结论。

📖 复习思考题

1.什么是归纳推理？它与演绎推理有何关系？

2.什么是完全归纳推理？什么是不完全归纳推理？二者的区别何在？

3.简述简单枚举归纳推理与科学归纳推理的区别和联系。

4.简述探求因果关系的五种方法。说明它们各自的特点以及在运用时要注意的问题。

📖 思维训练题

一、下列结论是否可由完全归纳推理得出？为什么？

1.我们班同学学习都非常认真。

2.事物的运动都是有规律的。

3.小说都是有故事情节的。

4.所有的花生仁都是有粉衣包着的。

5.原子都是可分的。

6.天下乌鸦一般黑。

7.我们厂所有车间都实现了生产自动化。

8.所有三角形的内角和都是180度。

9.可怜天下父母心。

10.春夏秋冬，周而复始。

二、下列推理属于何种形式的归纳推理？请写出它们的逻辑结构式。

1.农作物能够进行光合作用，花草能进行光合作用，树木能进行光合作用，农作物、花草、树木都是绿色植物，因此，凡绿色植物都能进行光合作用。

2.24不是质数，25不是质数，26不是质数，27不是质数，28不是质数，所以，24—28之间没有质数。

3.某地一些后进企业的生产经营状况有了好转，经过对这些后进企业的调查分析，认为企业实行科学管理，生产效率就会提高，因此，这些企业经营情况的好转是实行科学管理的结果。

4.蛇麻花在凌晨3时左右开花，牵牛花是在黎明4点左右绽开，野蔷薇是在黎明5时左右开放，龙葵花是在清晨6时左右开放，蒲公英则在早晨7时左右开放，太阳花在中午12时左右绽放，万寿菊是在下午3时左右开放，紫茉莉是在下午5时左右开放，我们观察了许多种花，发现它们都有自己的开放时间，由此可见，所有的花都有自己固定的开放时间。

5.人们观察了大量向日葵，发现它们的花总是朝着太阳。经过研究发现，向日葵茎部含有一种植物生长素，它可以刺激生长，又具有背光的特性。生长素常常在背着太阳的一面，使得茎部背光的一面生长快于向阳的一面，于是开在顶端的花就总是朝着太阳。因此，所有向日葵的花都朝着太阳。

6.凡是大成功的人，都是绝顶聪明而肯做笨功夫的人。不但中国如此，西方也如此。像孔子，"吾尝终日不食，终夜不寝，以思，无益，不如学也"，这是孔子做学问的功夫。汉代的郑康成的大成就，完全是做的笨功夫。宋朝的朱熹，也是一个绝顶聪明的人，"宁详毋略，宁近毋远，宁下毋高，宁拙毋巧"，是他做学问的准则，他的《四书集注》，除了《大学》早成定本外，其余仍是随时修改的。如陆象山，王阳明，也是第一等聪明的人。像顾亭林，少年时大气磅礴，中年时才做实学，做笨的功夫，你看他的成就！

7.从前有一位富翁想吃杍果，打发他的仆人到果园去买，并告诉他："要甜的，好吃的，你才买。"仆人拿好钱就去了。到了果园，园主说："我这里树上的杜果个个都是甜的，你尝一个看。"仆人说："我尝一个怎能知道全体呢？我应当个个都尝过，尝一个买一个，这样最可靠。"于是仆人自己动手摘杜果，摘一个尝一口，甜的就都买回去。回家后，富翁见了，觉得非常恶心，一齐都扔了。

8.英国哲学家伯特兰·罗素有一个关于归纳主义者火鸡的故事。在火鸡饲养场里，有一只火鸡发现，第一天上午9点主人给它喂食。然而作为一个卓越的归纳主义者，它并不马上做出结论。它一直等到已收集了有关上午9点给它喂食这一经验事实的大量观察；而且，它是在多种情况下进行这些观察的：雨天和晴天，热天和冷天，星期三和星期四……它每天都在自己的记录表中加进新的观察陈述。最后，它的归纳主义良心感到满意，它进行归纳推理得出了下面的结论："主人总是在上午9点钟给我喂食。"可是，事情并不像它所想象的那样简单和乐观。在圣诞节前夕，当主人没有给它喂食，而是把它宰杀的时候，它通过归纳概括而得到的结论终于被无情地推翻了。大概火鸡临终前也会因此而感到深深遗憾。

9.意大利的那不勒斯城附近有个石灰岩洞，人们带牛马等高大牲畜通过岩洞从未发生问题，但狗、猫、鼠等小动物走进洞里就倒地死去。人们进一步研究得知：小动物之所以死去，是因为头部靠近地面；头部靠近地面之所以会死，是因为地面附近沉集二氧化碳，缺乏氧气。这样人们就懂得了：石灰岩洞缺氧的地面会造成头部离地较近的小动物死亡。

10.一个法医对因各种情况溺水而死的尸体进行解剖，发现他们的肺、肝、胃都有"硅藻"反映，由此得出"凡是溺水而死的尸体，其肺、肝、肾都有'硅藻'反映"的结论。

三、分析下列各题运用了何种探求因果联系的方法。

1.在日常生活中，我们发现，使用同一个灯泡，电流越强，灯光越亮；电流较弱，灯光较暗。由此可见，电流强弱是灯光明暗的原因。

2.击鼓有声，吹笛有声，说话有声，这些发声的现象，仅有一种情况相同，即物体上空气的振动。

3.在一个有空气的密闭的玻璃瓶内，放上一只小老鼠，只见它神情自若，情况正常。然后抽去瓶内的空气，小老鼠马上发生窒息，随即死亡。这可以证明，没有空气是老鼠死亡的原因。

4.达尔文在研究动物与环境的关系时发现，不同类的动物如果生活在相同的环境里，常常呈现出相同的形态。属于鱼类的鲨鱼，属于哺乳类的海豚，属于爬行类的鱼龙，种类不同，但由于长期生活在相同的环境中，外貌很相似：身体都是梭形，都有胸鳍、背鳍和尾鳍。相反，同类动物生活在不同的环境中，就有不同的形态：狼、鲸、蝙蝠都是哺乳类动物，由于生活条件不同，形态就不相同，狼适于奔跑，蝙蝠适于飞翔，鲸适于游水。由此可得出结论：生物的生活条件和环境相同或不同，就是生物形态构造的相似或不相似的原因。

5.调查中发现，凡是普法教育搞得好的地区，刑事案件发案率都较低；凡是普法教育搞得不好的地区，刑事案件发案率都较高。由此可见，搞好普法教育是刑事案件发案率较低的原因。

6.1960年，英国某农场十万只火鸡和小鸭吃了发霉的花生，在几个月内得癌症死了。后来，用这种花生喂羊、猫、鸽子等动物，又发生了同样的结果。1963年，有人又用发了霉的花生喂大白鼠、鱼和雪貂，也都纷纷得癌而死，上述各种动物患癌症的前提条件中，对象、时间、环境都不同，唯一共同的因素就是吃了发霉的花生。于是，人们推断：吃了发霉的花生可能是这些动物得癌死亡的原因。后来通过化验证明，发霉的花生内含黄曲霉素，黄曲霉素是致癌物质。

7.一百多年前，一艘远洋帆船载着五个中国人和几个外国人由中国开往欧洲。途中，除五个中国人外，其他人都病得奄奄一息。经诊断，他们都患有坏血病。同乘一只船，同样是人，一样是风餐露宿，受苦挨饿，漂洋过海，为什么中国人和外国人却判若异类呢？原来这五个中国人都有喝茶的嗜好，而外国人却没有。于是得出结论：喝茶是这五位中国人不得坏血病的原因。

8.某医疗队为了解地方病甲状腺肿的原因，先到这种病流行的几个地区巡回调查，发现这些地区地理环境、经济水平都各不相同，有一点是共同的，即居民常用食物和饮用水中缺碘。医疗队又到一些不流行该病的地区去调查，发现这些地区地理环境、经济水平也各不相同，但有一点是共同的，即居民常用食物和饮用水中不缺碘。医疗队综合上述调查情况后，认为缺碘是产生甲状腺肿的原因。后来对病人进行补碘治疗，果然疗效甚佳。

9. 有一次居里夫人和她的丈夫为了弄清一批沥青铀矿样品中是否含有值得提炼的铀，对其含铀量进行了测定。令他们惊讶的是，有几块样品的放射性甚至比纯铀的还要大。这就意味着，在这些沥青铀矿中一定含有别的放射性元素。同时，这些未知的放射性元素只能是非常少量的，因为用普通的化学分析法不能测出它们来。量小放射性又那样强，说明该元素的放射性要远远高于铀。1898 年 7 月，他们终于分离出放射性比铀强 400 倍的钋。

10. 某个生产智能手机的企业，如果资金利用率为 50%，那么利润率增加 80%；如果资金利用率为 60%，那么利润率增加 100%；如果资金利用率为 90%，那么利润率增加 120%，其他情况没有发生变化。于是得出结论：资金利用率的提高是利润增加的原因。

📖 巩固与拓展

一、单项选择题

1. 目前大学生普遍缺乏中国传统文化的学习和积累。教育部有关部门及部分高等院校最近做的一次调查表明，大学生中喜欢和比较喜欢京剧艺术的只占到被调查人数的 14%。下列陈述中的哪一个最能削弱上述观点？（   ）

A. 大学生缺少对京剧艺术欣赏方面的指导，不懂得如何去欣赏

B. 喜欢京剧艺术与学习中国传统文化不是一回事，不要以偏概全

C. 14% 的比例正说明培养大学生对传统文化的学习大有潜力

D. 有一些大学生既喜欢京剧，又对中国传统文化的其他方面感兴趣

2. 售货员对顾客说：压缩机是电冰箱的核心部件，企鹅牌电冰箱采用与北极熊牌电冰箱同样高质量的压缩机，由于企鹅牌电冰箱的价格比北极熊牌电冰箱的价格要低得多，所以，当你买企鹅牌电冰箱而不是北极熊牌电冰箱时，你花的钱少却能得到同样的制冷效果。

下面哪一项如果被证实，是最能合理推出售货员的结论的假设？（   ）

A. 北极熊牌电冰箱的广告比企鹅牌电冰箱的广告多

B.售货员卖出一台企鹅牌电冰箱所得的收入比卖出一台北极熊牌电冰箱
所得的收入少

C.电冰箱的制冷效果仅仅是由它的压缩机的质量决定的

D.企鹅牌电冰箱每年的销量比北极熊牌电冰箱每年的销量大

3.有人认为鸡蛋黄的黄色跟鸡所吃的绿色植物饲料有关。为了验证这个
结论，下面哪种实验方法最有效？（　　　）

A.选择一优良品种的蛋鸡进行实验

B.化验比较植物性饲料和非植物性饲料的营养成分

C.选择品种等级完全相同的蛋鸡，一半喂植物性饲料，一半喂非植物性
饲料

D.对同一批蛋鸡逐渐增加（或减少）植物性饲料的比例

4.由于外科医生的数量比手术数量增加得快，同时，由于不开刀的药物
治疗在越来越多地代替外科手术，近年来每个外科医生的年平均手术量下降了
25%。可以推断，如果这种趋势持续下去，外科医术水平会发生大幅度下降。

以上论证基于下面哪项假设？（　　　）

A.除非一个外科医生以一定的最小频率做手术，否则他的医术水平不可
能适当地保持下去

B.外科医生现在将他们的大部分时间用在完成不用开刀的药物治疗工
作上

C.所有的医生，特别是外科医生，在医学院所接受的训练比前些年差多了

D.每一个外科医生本人的医术水平近年来都有所下降

5.一位社会学家对两组青少年作了研究，第一组成员每周看有暴力内容
影视的时间平均不少于10小时；第二组则不多于2小时。结果发现第一组成
员中举止粗鲁者所占的比例要远高于第二组。因此，此项研究认为，多看有暴
力内容的影视容易导致青少年举止粗鲁。

以下哪项如果为真，将对上述研究的结论提出质疑？（　　　）

A.第一组中有的成员的行为并不粗鲁

B.第二组中有的成员的行为比第一组有的成员粗鲁

C.第一组成员中很多成员的粗鲁举止是从小养成的，这使得他们特别爱

看暴力影视

D.第一组中有的成员的文明行为是父母从小教育的结果，这使得他们能抵制暴力影视的不良影响

6.每次有新的影片上映，总有人会在网络平台抢先观看。尽管在网络平台抢先观看需要注册会员，缴纳会费，但是"网络抢先看"依然非常火爆。有的分析家认为，这主要是因为价格上"网络抢先看"有优势，所以在市场上更有活力。

以下哪项是这位分析人员在分析中隐含的假定？（　　　）

A.在电影院观看往往没有家里自在

B.与价格的差别相比，"网络抢先看"与电影院观看的观感差别不大

C."网络抢先看"没有影院的体验氛围

D.知识产权保护对"网络抢先看"有一定影响

7.一位研究人员希望了解他所在社区的人们更喜欢纯牛奶还是鲜牛奶。他将两种牛奶倒入不同杯子，并在杯子上不贴标签，请人们尝试并选择自己喜欢的。纯牛奶杯子上标志为"M"，鲜牛奶杯子上标志为"Q"。结果显示，超过一半的人更喜欢鲜牛奶。

以下哪项如果为真，最可能削弱上述论证的结论？（　　　）

A.参加者受到了一定的暗示，觉得自己的回答会被认真对待

B.参加实验者中很多人都没有同时喝过这两种牛奶，甚至其中的30%的参加实验者只喝过其中一种牛奶

C.多数参加者对于纯牛奶和鲜牛奶的市场占有率是了解的，并且经过研究证明，他们普遍有一种同情弱者的心态

D.在对参加实验的人所进行的另外一个对照实验中，发现了一个有趣的结果：这些实验中的大部分更喜欢英文字母Q，而不大喜欢M

8.偏头痛一直被认为是由食物过敏引起的。但是，让患者停止食用那些已经证明会不断引起过敏性偏头痛的食物，他们的偏头痛并没有停止，因此，显然存在别的某种原因引起偏头痛。

下列哪项如果为真，最能削弱上面的结论？（　　　）

A.许多普通食物只在食用几天后才诱发偏头痛，因此，不容易观察患者

的过敏反应和他们食用的食物之间的关系

B. 许多不患偏头痛的人同样有食物过敏反应

C. 许多患者说诱发偏头痛病的那些食物往往是他们最喜欢吃的食物

D. 很少有食物过敏会引起像偏头痛那样严重的症状

9. 世界卫生组织在全球范围内进行了一项有关对健康影响的跟踪调查。调查的对象分为三组：第一组对象均有两次以上的献血记录，其中最多的达数十次；第二组中的对象均仅有一次献血记录；第三组对象从未献过血。调查结果显示，被调查对象中癌症和心脏病的发病率，第一组分别为 0.3% 和 0.5%，第二组分别为 0.7% 和 0.9%，第三组分别是 1.2% 和 2.7%。一些专家依此得出结论，献血者有利于减少患癌症和心脏病的风险。这两种病不仅在某些发达国家而且也在发展中国家成为威胁中老年人生命的主要杀手。因此，献血利己利人，一举两得。

以下哪项如果为真，最能削弱以上结论？（　　）

A. 60 岁以上的调查对象，在第一、二、三组中所占比例分别为 60%、70% 和 80%

B. 献血者在献血前要做核酸检测，结果为"阴性"者才可以献血

C. 调查对象的人数，第一、二、三组分别为 1700 人、3000 人和 7000 人

D. 调查对象的选择是随机的

10. 1960—1970 年，非洲国家津巴布韦境内的狩猎者猎捕了 6500 多头大象以获取象牙，这一时期该国大象总数从 35000 头下降到 30000 头以下。1970 年该津国采取了保护大象的措施，1970—1980 年逮捕并驱逐了 800 多名狩猎人。但是到 1980 年该国大象还是下降到 21000 头。

以下哪项如果为真，最有助于解释上述表面上的矛盾现象？（　　）

A. 1960—1980 年逮捕的狩猎者并未被判处长期徒刑

B. 公众反对滥捕大象呼声高涨，1970—1980 年象牙的需求下降

C. 1970—1980 年，该国大量砍伐了大象赖以生存的森林

D. 1970 年以前，该国反对捕杀大象的法律没有得到执行

二、综合分析题

阿方斯·贝蒂隆（Alphonse Bertillon）是十九世纪法国巴黎警察局的一

名警察，曾因创造了"人体测量法"被誉为首先在警察工作中运用科学方法进行人身识别的人。

　　1879 年 3 月，贝蒂隆到巴黎警察局任职，负责在监狱内登记犯人卡片，内容包括姓名、化名、罪行、判决和体貌特征描述。这一时期，警方辨别前科犯、通缉犯和冒名顶替坐牢的人，只是凭借对外貌的记忆和描述，让被关押的人们站在自己面前或围着自己转，从中辨认要查找的目标。由于受到比利时统计学家凯特列特"世界上没有两个人在身体的各尺码上完全一致"这一观点的启发，贝蒂隆在上司的默许下，从 1879 年 7 月开始在监狱内进行人体测量统计。通过对大量测量数据的分析，他发现在所测一项数据中，两个成年人完全相同的概率为 4∶1；两项数据完全相同的概率为 16∶1。在大量比较分析的基础上，贝蒂隆筛选了 11 项数据：身高、坐高、双臂展宽度、头长、头宽、右耳宽、右耳长、左下臂长、左中指长、左小指长、左足长，并计算出 11 项指标均相同的重复概率为 4194304∶1。

　　1882 年 11 月，贝蒂隆开始为期三个月的"盲测"试验，如果在这三个月中查出了前科犯，则将继续进行研究，否则终止。这意味着必须有人在这三个月内曾两次入狱！终于在 1883 年 2 月 20 日贝蒂隆和其助手测量了一个自称叫"杜邦"的人，发现他同 1882 年 12 月 15 日被测量的名叫"马丁"的人的数据完全相同。贝蒂隆立即揭露说杜邦曾因盗窃于 1882 年 12 月被捕，当时叫马丁，马丁无法抵赖。至此贝蒂隆的测量法被获准无限期试验。这一方法在 1883 年查出 48 名前科犯，1884 年查出 300 名前科犯。贝蒂隆及其人体测量法因此名扬世界，推广到几乎整个欧洲和亚洲、美洲部分国家，与此同时，一个新词——Bertillonage（贝蒂隆鉴别法）诞生了。

　　但是，当 1892 年更优秀的人身识别方法——"近代指纹技术"诞生，并将要取代人体测量法时，贝蒂隆却成了顽固的守旧派。他深知指纹鉴别法的意义，但却不想正视和接纳它，甚至妒恨宣传和应用指纹技术的人，以致在其去世前的二十余年里停滞不前，无所作为。然而，科学的发展、社会的进步都是不可阻挡的，推陈出新是科学进步的必然法则。假设贝蒂隆当初对指纹鉴别法采取了一种客观的、科学的态度，接受这种新的事物，并且运用自身统计学的优势，去研究指纹各细节特征的出现概率，探寻利用指纹特征进行人身识别的科学标准和指纹分类问题，从而为近代指纹学奠定坚实的理论基础，那么无疑他又将成为指纹学的先驱之一，继续走在警察科学的前沿。可惜他没有这么做。

资料来源：《贝蒂隆的科学与不科学的贝蒂隆》

（《天津公安报》，1999 年 2 月 14 日，第 4 版）

请问：利用人体测量数据识别囚犯的贝蒂隆法则是运用何种推理得出的？如何看待贝蒂隆的不科学之处？

第八章　类比推理与假说

学习提示　本章介绍类比推理和假说的有关基础知识。通过本章的学习，需要掌握类比推理的特点与逻辑要求，类比推理与演绎推理和归纳推理的区别和联系，以及类比推理在科学方法论中的地位与作用。对于假说的学习，需要掌握假说的特征、基本类型以及其形成与检验过程中的注意事项。总体而言，类比推理和假说都是重要的思维形式，是创新思维不可或缺的方法。学习本章知识，对于我们在实际生活和科学研究中对未知事物的探索有着重要作用。

第一节　类比推理

一、什么是类比推理

（一）类比推理及其逻辑式

类比推理简称类推，是根据两个或两类对象在某些属性上的相同或相似，从而推出它们在其他一些属性上也相同或相似的推理。例如：

我们来看一下春秋时期鲁班对锯子的发明过程。由于山坡很陡，鲁班在爬山时不得不用一只手拉着茅草，然而手却被茅草划破流出血来。鲁班非常惊奇，他摘下一根茅草带回家去研究，发现茅草的两边有许多小细齿，正是这些小细齿把手指划破了。于是，鲁班将茅草两边小细齿的细节类比到铁片，如果铁片两边有锯齿，不就可以锯树吗？于是他同铁匠一起试制了带齿的铁片，拿去锯树，果然成功了。

在发明锯子的过程中，鲁班运用的是类比推理。茅草有小细齿，可以拉破手指，铁片有齿自然会更加锋利，可以用来锯断树木。

类比推理的结构式为：

对象 A 有属性 a、b、c、d，

对象 B 有属性 a、b、c，

所以，对象 B 有属性 d。

其中，A 和 B 表示两个或两类相比较的对象，a、b、c 表示 A 和 B 之间相同或相似的属性，d 表示推论属性。

（二）类比推理的逻辑特征

类比推理是从一个（或一类）对象的特殊知识（或一般知识）过渡到另一个（或一类）对象的特殊知识（或一般知识）。在此过程中，需要建立两个联系：一是两个对象的一些属性相同或相似；二是要假定一对象属性之间的共存联系也适合于另一对象。事实上，两个（或两类）事物的共同属性 a、b、c 与推出属性 d 之间所具有的联系是不确定的，它们可能具有必然联系，也可能具有或然联系，结论的断定也超出了前提。所以，由此而类推的结论也就具有或然性。

类比推理同演绎推理、归纳推理都不相同。从思维进程来看，演绎推理是从一般到个别的推理过程；归纳推理是从个别到一般的推理过程；类比推理是从个别到个别、从一般到一般的推理过程。从前提和结论之间的逻辑关系来看，演绎推理前提蕴含结论，结论是必然的，而归纳推理和类比推理的前提不蕴含结论，结论是或然的。

二、提高类比推理结论可靠性的方法

由于类比推理的结论是或然的，因此，在实际运用类比推理时，要尽量提高类比推理所获结论的可靠性。提高类比推理结论可靠性要注意以下几个方面：

第一，类比推理的可靠性决定于两个或两类对象之间的可比较性。如果两个或两类对象间没有可比性，类比也就无从谈起。例如，用狗作试验与人类类比，若是用狗的动物性同人类的自然属性相比，这是可行的；但是如果用狗的动物性同人的社会性相比，就没有可比性而言了。

第二，类比推理的可靠程度取决于两个或两类对象相同或相似属性与推出属性的相关程度。相同属性与推出属性之间的相关程度越高，类比推理的结论的可靠程度就越高。

第三，类比推理的可靠度取决于两个或两类对象间的相同或相似属性的数量。如相同或相似属性越多，说明两个对象之间的差别就越小，其共同具有的推出属性的可能性就越大，结论的可靠性就越大。但是，当对象间的相同或相似属性过多时，其进行类比的价值和意义也就不断减少。

第四，用以类比推理的前提中的属性应当是本质属性。如果在运用类比推理时，不能深入事物的本质属性，不能把握事物属性之间的制约关系，仅凭一些表面的、偶然的相同点或相似点，就把一对象的属性推移到另一对象中去，就会得出错误的结论，这种错误叫作"机械类比"。只有本质属性相同，推出属性相同的可能性才更大。

三、类比推理的作用

类比推理的结论虽然是或然的，但在实际思维中广泛地被人们所应用。它在认识客观世界和表达论证思想方面有着重要作用。

第一，类比推理是探索真理、启发思维的重要手段。类比推理是一种开放的思维过程，它能够使人们冲破学科界限和分工造成的束缚，促进不同学科的相互渗透、不同领域研究成果的相互移植。从某种意义上说，类比推理比演绎推理和归纳推理更利于创新。它往往能够在旧理论解释不了，又没有充分事实的情况下，发挥思维的创造性，把未知的东西同已知的东西相比较，把陌生的东西同熟悉的东西相比较，从而形成科学假说，为真理的探索提供可贵的线索。

第二，类比推理是论证的手段之一。尽管类比推理的结论往往具有或然性，但只要运用恰当，照样可以赋予论证性。哲学家康德说："每当理智缺乏可靠性论证的思路时，类比方法往往能指引我们前进。"在类比推理的论证过程中，人们为了解释某个事实、原理，往往找出一个与之相类似的并且是人们所熟悉的或已经得到解释的事实、原理，然后通过类比来使某种事实、原理得到解释。这也是逻辑论证必不可少的手段之一。

第二节 假说

一、什么是假说

（一）假说及其特点

假说是人们从已有的事实材料和科学原理出发，对未知的事物或规律性所作的假定性解释。思维具有能动性和创造性。在社会实践中，当人们发现已有理论不能说明新事物或新现象时，思维就敦促人们提出一些有待证实的新的理论观点对这类事物或现象作出试探性的解释，这就是提出假说。例如，在论文撰写过程中，学者们往往会针对现实问题或现象提出若干个假说，然后会用相应方法定性或定量分析验证，最终得出结论和建议。

假说有以下几个特点：

第一，假说具有不易证伪性。假说是以一定的事实材料和已知的科学原理为依据的，它不是没有事实根据的胡思乱想，因此具有不易证伪性。那种没有事实依据，又没有科学论证的思想，不是假说，而是臆想、幻想。

第二，假说具有猜测性。假说虽然有一定的事实材料和科学原理为依据，但它还是一种有待证实的思想，带有猜测的性质。它同已经证实的科学原理和事实又有着本质区别。

第三，假说具有工具性。假说是人们的认识接近客观真理的重要方式。假说作为对各种未知事实的假定性解释，它是否反映了客观真理还有待于证实，但是，从发展的角度看，在实践中对假说的不断修改、补充和更新，就会使人们的认识逐渐接近客观真理。

（二）假说的类型

1.根据假说内容的已知性与否，假说可分为解释型假说和预测型假说

解释型假说是在已有事实材料基础上，对已存在的事物现象及其规律性作出假定性解释或说明；预测型假说是对目前尚未存在而将来可能会出现的事物现象作出推测和预言。

2.根据研究者提出假说的目的不同，假说可分为工作假说和科学假说

工作假说是指在实际工作中对某一特定事实或工作目的提出的假设。一个

单位的工作计划、发展规划，一个工程的预算、设计，解决一个复杂问题的方案、预案，都属于工作假说。科学假说是指根据已有的事实和相关的科学理论，对事物情况或规律所作的推测性解释。科学假说作为重要的探索性思维方法，在人们的认识过程中起着重要作用。

二、假说的形成与检验

（一）假说的形成

假说的提出是一个非常复杂的创造性思维过程，不同性质的假说，形成的具体途径差别很大。但是从总的方面来看，一个假说的形成大致要经过两个大的阶段：初始阶段和完成阶段。

从研究某个问题开始到提出初步的假定，这就是假说形成的初始阶段。在这一阶段研究者的主要工作是围绕特定的问题，广泛地收集材料，并对各种材料进行理论分析，通过创造性思维活动提出初步的假定。在这一阶段，类比推理和归纳推理起着重要作用。例如，医学家们分别在咽喉癌细胞中、白血病癌细胞中、骨癌细胞中发现了病毒，因此提出了人类的癌症是由病毒引起的假说。这个假说就是运用了简单枚举法归纳推理提出的假说。初步的假定是从一定的事实、一定的理论分析出发，经过一定的逻辑推论而提出的，它还具有尝试性、暂时性。有的是同时提出几个不同的假说，研究者需要经过反复考察、筛选淘汰一些与事实明显不符的假说，使之得到一个比较满意的、合理的假说。

人们选定了一个比较合理的初始假定后，假说就进入完成阶段。从已经确定的初步假定出发，经过事实材料和科学理论的广泛论证，使假说成为一个较为稳定的系统。在这一阶段，研究者以确立初始假说为核心，一方面运用已有的科学理论对其进行理论上的证实，另一方面则寻求经验证据的支持，从而提出一个有一定事实和理论依据的假定，使假定成为一个结构稳定的系统。这样，假说得以最终形成。

在假说的形成过程中要注意以下几个方面：

第一，假说的提出要有根有据。虽然假说还是一种待证实的东西，人们不必等待事实材料全部积累完毕才建立假说，但离开了一定事实和理论依据，就不可能形成科学的假说。

第二，假说应具有无矛盾性和完整性。假说体系内不应存在矛盾，否则就要修改，或重新建立假说。同时，假说要尽可能解释事实和现象的全部而不是它的部分，不仅要能解释已有事实，还能预示未来的情况。

第三，假说应具有可检验性。假说只有经过检验，才有可能成为科学理论。因此，提出的假说必须能进行验证，否则假说就不能成立。

（二）假说的检验

假说是否具有真理性，要靠实践来给予证明。假说的检验大致可分为两个步骤：一是从假说中引申出关于事实的结论，这是逻辑推演的过程；二是验证这些事实的结论，这是事实的验证过程。

第一步，从假说中的某些理论观点出发引申出有关事实的结论。这里需要运用演绎推理。这个步骤可用公式表示为：**如果 p，那么 q**。这里的"p"表示假说的基本理论观点，"q"表示有关事实的命题。"q"可以是需要解释的已知事实，也可以是预见到的未知事实。这一步称为假说的推演。如著名科学家魏格纳提出大陆板块漂移说，在检验过程中就提出了一系列的推演：如果大陆原来是一整块，那么漂移后各个大陆板块的边缘是可以吻合的；如果大陆原来是吻合的，那么漂移后的大陆两岸的古地质情况应当是相同的；如果大陆漂移说成立，那么漂移后的大陆两岸的古代动植物基本相同或相似；等等。

第二步，通过社会实践检验从假说的基本观点出发推演出来的结论是否真实。要验证推出的结论是否真实，有时用观察的方法就可以完成，有时需要设计复杂的实验，需要用探求因果关系的方法。如果假说推出的结论与事实相符，那么一般就认为假说得到了证实。如果与事实不符，就说明假说被否定了。如大陆漂移假说的上面几个推演得出的结论已经得到证实，只有漂移的原动力、方向、速度等还需要进一步论证和检验。

以上两个步骤，只是假说检验过程中的基本步骤。实际过程中去证实或证伪一个假说，都是非常复杂的。主要原因在于证实的过程中使用的推理形式在逻辑上是或然的。根据上面对检验过程的基本步骤的分析，假说的证实过程可以表示为：

如果 p，那么 q，

q，
_____

所以，p。

这个推理形式是充分条件假言命题的肯定后件式。由于肯定后件不能必然肯定前件，即使 q 为真，也不能由此必然确定 p 为真。在这种情况下，假说 p 只是得到某种程度的印证。

因此，为了证实一个假说，人们往往需要从假说中引申出一系列关于事实的命题。如果实践中得到的支持假说的事实越多，假说得到确证的程度就越高。提高假说可靠性的另一途径在于，通过假说推演出未知事实并证实未知事实为真，它能给确证假说为真提供有力的支持。如门捷列夫根据元素周期律预言一些当时尚未发现的元素的存在，并预言了它们的性质。如他在 1870 年预言说，碳和硅那一族中将要出现一种新元素，这种元素一定会是深灰色的金属，其原子量约为 72，比重约为 5.5。15 年后德国人温克勒果然在矿山中发现了这一元素，它是同碳、硅十分相似的呈金属光泽的深灰色物质，并测得其原子量为 72.59，比重为 5.47。这个新物质就是锗。

总之，由于假说证实的过程不具有逻辑必然性，并且由于各种不同的事实经验对假说的支持程度不同，人们只能在社会历史的发展过程中，从质上和量上不断提高假说被确证的程度，使假说逐步转化为科学理论。

假说转化为科学理论必须具备两个基本条件：

第一，必须推翻在同一问题上的相对立的一切假说。也就是说，一个假说要成为科学理论，就要对其他的假说进行证伪，否则就不可能证明自己为真。

第二，假说不仅要圆满地解释有关已知事实，而且从假说推演出来的结论也要被证明为真。

三、假说的作用

在人们的认识活动过程中，特别是在科学研究活动中，假说起着非常重要的作用。

第一，假说是科学理论发展的必然形式。科学理论、定律、原理最初都是以假说的形式出现的，如哥白尼的日心说、牛顿的力学定律、门捷列夫的元素周期表、爱因斯坦的相对论等最初都是科学假说。即使提出的假说被以后的实践证明是错误的，它对科学的发展也是有益的，它至少为人们提供了下一步研究的方向，提供了一些必要的研究材料。在科学发展史上，假说的提出由于都有一定的事实依据和理论依据，完全被证伪的假说并不多见，往往大部分是对的，有一部分被实践证明是不正确的，于是人们在原有假说的基础上不断进行修正、补充和完善，从而使之逐渐成为科学的理论。自然科学的发展就是在不断提出、不断证实假说的过程中得到发展的。

第二，假说在人们的日常工作和生活中起着重要的作用。在人们的日常工作和生活中，常常要用到假说，为了将其同科学假说相区别，可以把日常运用的假说称为假设。人们的决策活动离不开假设，一个企业要开拓市场，就要收集和了解产品的社会需求、市场的销售变化、同行业企业产品竞争能力等资料，以便为本企业未来的活动作出正确决策。这种决策就是依据这些事实材料为基础，运用一定的市场运作理论对这些材料进行分析研究，提出决策设想。这里的决策设想就是一个假设，它是否正确，需要接受今后的实践检验，要在实践活动中进行验证。同样，一个大学毕业生的求职设想的提出，实际上也是一个假设，求职的过程就是检验求职设想是否正确的验证假设的过程。

复习思考题

1.什么是类比推理？它与演绎推理和归纳推理有何区别？
2.提高类比推理可靠性的方法有哪些？
3.简述假说及其特点和作用。
4.简述假说的形成与检验过程。

思维训练题

一、下列类比推理是否正确？为什么？

1.瓦特通过观察水壶里的水沸腾时可以把壶盖顶起来这一现象联想到，制造一个大的产生水蒸汽的机器可以推动更大的机器运转，由此导致了蒸汽机的发明。

2.种植长绒棉要有日照长、霜期短、气温高、雨量适度等条件，乌兹别克斯坦的许多地区具有这些条件，能种植长绒棉，我国的塔里木地区具有同乌兹别克斯坦这些地区相似的条件，因此推断：我国的塔里木地区也可以种植长绒棉。

3.钟表有构造有规律，世界也是有构造有规律的，钟表是人制造出来的，可见世界也必然有制造者，这个制造者就是神。

4.太阳是被上帝创造出来照亮地球的，我们总是移动火把去照亮房子，绝不会移动房子去被火把照亮。因此，是太阳绕地球旋转，而不是地球绕太阳旋转。

5.儿童受师长的管束监督，因此，小国应受大国的指导，弱国要受强国的摆布。

6.在台湾发现了全身长毛白色的猴子后，有人推断说：与台湾自然条件、生活环境相类似的西双版纳地区也会有这种白色的猴子。

7.地球和月球相比，有许多共同属性，如它们都属于太阳系星体，都是球形的，都有自转和公转等。既然地球上有生物存在，因此，月球上也很有可能有生物存在。

二、根据以下材料，指出其中提出了怎样的假说？分析形成假说时所用的推理形式，并指出假说是否成立。

1.上海自1921年开始，地面逐年下沉，最严重的地区下沉了2.37米。要控制地面下沉，首先就要找出下沉的原因。经过调查分析，发现东西几个工业地区沉降最为严重。进一步分析又发现，以纺织厂较集中的地区沉降量最大。纺织厂开凿的深井多，地下水用量大。据此经过进一步的调查分析，得出结论：深井越多，地下水用得越多，地面沉降也就越快。大量抽取地下水是造成上海地面沉降的主要原因。为了验证假说，科技人员根据这一结论作了逻辑推演：如果这一假说是真的，那么用水多的工业区比用水少的其他地区地面沉降得多；用水多的夏天比冬天沉得多。这一有待验证的结论，经过进一步的调查研究，终于在实践中得到了证实。

2.人们早就发现，蝙蝠能在黑夜里快速飞行，而不会撞在障碍物上。这个现象如何解释呢？眼睛是视觉器官。根据这个认识，生物学家曾提出一个假说：蝙蝠能在黑夜避开障碍物是由于它有特别强的视力。这个假说对不对呢？如果是对的，那么，把蝙蝠的眼睛蒙上，照理它会撞在障碍物上。为了验证这个推论，有个科学家设计了一个实验：在暗室中系上许多条纵横交错的钢丝，并在每条钢丝上系上一个铃。将一些蝙蝠蒙上眼睛，放入这个暗室中飞行。实验结果是：蝙蝠仍能作快速飞行而没有撞在钢丝上。

3.元旦那天晚上，某监狱一名在押犯人趁看守不备，将看守人击昏后戴镣潜逃，值班员发现后便立即报警。干警们赶到后经过实地勘察和了解有关情况后，断定逃犯就在附近。

他们首先注意的是：犯人是戴镣而逃，还是破镣而逃。现场没有破镣痕迹，因此他们初步断定犯人是戴镣而逃。再者，罪犯若想逃得方便，必先想法破除脚镣，而眼下没有破镣时间，于是他们作了如下推论：如果罪犯戴镣而逃，那么他必行动迟缓，如果行动迟缓，那么他必定还在附近。追捕的成功证实了干警们的假说。

📖 巩固与拓展

一、单项选择题

1.农场发言人：毗邻我农场的炼铅厂引起的空气污染造成了本农场农作物的大幅度减产。炼铅厂发言人：责任不在本厂。我们的研究表明，农场农作物减产应该归咎于有害昆虫和真菌的蔓延。

以下哪项如果为真，将最有力地削弱炼铅厂发言人的结论？（   ）

A.炼铅厂的研究并没有测定该厂释放的有害气体的数量

B.农场近年来的耕作方式没什么变化

C.炼铅厂的空气污染破坏了周边的生态平衡，使得有害昆虫和真菌大量滋生

D.所说的有害昆虫和真菌在周边地区近百年来都偶有发现

2.点子大王老赵最近建议都市报业集团办一份晚报。他的理由是目前报纸发行时段：早上有早报，上午有日报，下午有晚报，真正为晚上准备的报纸却没有。但这一建议却没有被采纳。

以下哪项为真，能够恰当地指出老赵的分析中所存在的问题？（   ）

A.报纸的发行时间和阅读时间是不同的

B. 酒吧或影剧院的灯光都很昏暗，无法读报

C. 许多人睡前有读书的习惯，而读报的比较少

D. 晚上人们一般习惯于看电视，很少读报

3. 近年来，我国大城市的川菜馆数量正在增加。老李依据这一现象，提出这样一个假设：更多的人不是在家宴请客人而是在酒店请客吃饭。

为了使老李的这一假设成立，以下哪项陈述必为真？（　　）

A. 川菜馆数量的增加并没有同时伴随其他菜馆数量的减少

B. 大城市菜馆的数量并没有大的增减

C. 川菜馆在全国的大城市都比其他菜馆更受欢迎

D. 只有当现有菜馆容纳不下，新菜馆才会开张

4. 研究人员从研究圈养动物中能够比从研究野生动物中学到更多的东西。因此，有人认为：圈养动物是比野生动物更有意思的研究对象。

上面的认证依赖于下面哪一个假设？（　　）

A. 研究人员从他们不感兴趣的研究对象那里学到的东西较少

B. 研究对象越有意思，从研究对象那里学到的东西通常就越多

C. 能够从研究对象那里学到的东西越多，从事该研究通常就越有意思

D. 研究人员通常偏向于研究有意思的对象，而不是无意思的对象

5. 由于在葡萄成熟季节出现持续干旱，新疆葡萄的价格比平时同期上涨了三倍，这就大大提高了葡萄酒酿造业的成本，估计葡萄酒的价格将有大幅度提高。

以下哪项如果是真的，最能削弱上述结论？（　　）

A. 去年葡萄酒的价格是历年最低的

B. 其他替代原料可以用来生产仿葡萄酒

C. 最近的干旱并不如专家们估计得那么严重

D. 除了新疆外，其他省份也可以提供葡萄

6. 在一项医院医生年龄分布的调查中，这一批医院主任医师的平均年龄是45岁，而在20年前，同样的这些医院的主任医师的平均年龄大约是49岁。这说明，目前医院的主任医师年龄呈年轻化趋势。

以下哪项对题干的论证提出的质疑最为有力？（　　　）

A.题干中没有说明 20 年前这些医院关于主任医师评选是否有年龄限制

B.题干中没有说明这些主任医师任职的平均年数

C.题干中的信息仅仅基于有 20 年以上历史的医院

D.20 年前这些医院主任医师的平均年龄仅是个近似数字

7.目前的大学生普遍缺乏中国传统文化的学习和积累。教育部有关部门及部分高等院校最近做的一次调查表明，大学生中喜欢和比较喜欢京剧艺术的只占到被调查人数的 14%。

下列陈述中的哪一项最能削弱上述观点？（　　　）

A.大学生缺少对京剧欣赏方面的指导，不懂得怎样去欣赏

B.喜欢京剧艺术与学习中国传统文化不是一回事，不要以偏概全

C.14% 的比例正说明培养大学生对传统文化的学习大有潜力可挖

D.有一些大学生既喜欢京剧，又对中国传统文化的其他方面有兴趣

8.艾森豪威尔烟瘾很大，烟斗几乎不离手。某天他宣布戒烟，立刻引起轰动。记者们向他提出了戒烟能否成功的问题，艾森豪威尔回答说："我决不第二次戒烟。"

以下各项都可能是艾森豪威尔讲话的含义，除了（　　　）

A.在这次戒烟以前，我从来没戒过烟

B.我曾经戒过烟

C.如果这次戒烟失败，我就不再戒烟

D.我具有戒烟所需要的足够意志力和决断力

9.地球上之所以有生命存在，至少是因为具备了以下两个条件：一是因与热源保持一定距离而产生出适当的温差范围；二是这种温差范围恒定保持了至少 37 亿年。在宇宙的其他地方，这两个条件同时出现几乎是不可能的。因此，其他星球不可能存在与地球上一样的生命。

该论证是以下面哪项为前提？（　　　）

A.一个确定的温差范围是生命在星球上发展的唯一条件

B.生命除了在地球上存在外不能在其他星球存在

C.在其他星球上的生命形式需要像在地球上的生命形式一样的生存条件

D.对于什么生命只在地球上出现而不在其他星球出现尚无满意解释

10.一般人总会这样认为，既然人工智能这门新兴学科是以模拟人的思维为目标，那么就应深入地研究人的生理机制和心理机制。其实，这种看法很可能误导这门新兴学科。虽然飞机发明的最早灵感来自鸟的飞行原理，但现代飞机从发明、设计到不断改进，没有哪一项是基于对鸟的研究之上的。

上述议论，最可能把人工智能的研究比作以下哪项？（　　）

A.对鸟的飞行原理的研究

B.对鸟的飞行的模拟

C.对人思维的生理机制和心理机制的研究

D.飞机的设计制造

二、综合分析题

当我们最初谈大数据的时候，谈得最多的可能是用户行为分析，即通过各种用户行为，包括浏览记录、消费记录、交往和购物娱乐、行动轨迹等产生的数据。由于这些数据本身符合海量、异构的特征，同时通过分析这些数据之间的关联性容易匹配某些结果现象，即有一堆的行为结构因子 x，同时又有一堆的结果构成 y，在找寻到某种相关性后，可用于调整后续的各种策略。

医疗行业是让大数据分析最先发扬光大的传统行业之一。医疗行业拥有大量的病例、病理报告、治愈方案、药物报告等。如果这些数据可以被整理和应用，将会极大地帮助医生和病人。由于种类众多的病菌、病毒以及肿瘤细胞都处于不断进化的过程中，疾病的确诊和治疗方案的确定往往是最困难的。借助于大数据平台则可以收集不同病例和治疗方案，以及病人的基本特征，并建立针对疾病特点的数据库。如果未来基因技术发展成熟，还可根据病人的基因序列特点进行分类，建立医疗行业的病人分类数据库。在医生诊断病人时可以参考病人的疾病特征、化验报告和检测报告，参考疾病数据库来快速帮助病人确诊，明确定位疾病。在制定治疗方案时，医生可以依据病人的基因特点，调取相似基因、年龄、人种、身体情况相同的有效治疗方案，制定出适合病人的治疗方案，帮助更多人及时进行治疗。同时这些数据也有利于医药行业开发出更加有效的药物和医疗器械。

阅读上述文字，联系实际回答以下三个问题：

（1）分析大数据在医疗领域的应用原理，在理念上借助了何种形式的推理？

（2）联系实际，谈谈大数据在医疗领域应用中需要克服的障碍或困难。

（3）谈谈大数据可能在其他领域的应用。

第九章　论证

学习提示

本章介绍论证的有关知识。通过本章的学习，要弄清楚论证及其特点，明确论证同推理的关系；掌握论证的结构、种类及其规则；把握证明与反驳的各种具体形式、方法；学会识别和揭露论证中的谬误和诡辩。在学习本章过程中，要重点掌握论证的论题、论据及论证方式与推理的前提、结论及推理形式的对应关系；论证需要遵循的五条规则以及违反规则所致的逻辑错误；反证法、归谬法、选言证法的逻辑结构及其在实际生活中的应用。

第一节　论证概述

一、什么是论证

论证就是用一个或一些已知为真的命题确定另一个命题的真实性或虚假性的思维过程。它包括证明（用一个或若干真实命题确定另一命题的真实性）和反驳（用一个或若干真实命题确定另一命题的虚假性）。例如：

（1）海水由蓝变绿的区域，可以捕获很多鱼。因为海水由蓝变绿，表明海藻的高度密集。而海藻的高度密集，会引来吃海藻的鱼。有吃海藻的鱼，又会引来以鱼为食的其他种类的鱼。

（2）认为科学家都是知识分子出身，这种观点显然不对。因为有的科学家不是知识分子出身。如，瓦特是科学家，但他是工人出身。

例（1）是用"因为"以后的多个命题来确定"海水由蓝变绿的区域可以

捕获很多鱼"这一命题的真实性；例（2）是引用"有的科学家不是知识分子出身（瓦特）"来确定"科学家都是知识分子出身"这一命题的虚假性。

二、论证的组成

任何一个论证都是由论题、论据和论证方式这三部分组成的。

（一）论题

论题是论证的主题，是要通过论证来确定其真实性或虚假性的命题。如例（1）中的"海水由蓝变绿的区域可以捕获很多鱼"，例（2）中的"科学家都是知识分子出身"，这两个命题都是论题。

论题一般有两类：一类是在科学上已经被论证过了的命题。对这种论题的论证主要是向尚未了解该论题的人们进行说明。如老师向学生论证科学定理、定律等命题。另一类论题是科学上尚未被证实的、有待证明的命题。例如，人们对科学假说的证明。对这种论题论证的作用在于探索论题是否具有真实性。

（二）论据

论据是论证的根据，即用来确定论题真实性或虚假性的命题。论据的真实性是已知的。如例（1）中的"海水由蓝变绿，表明海藻的高度密集""海藻的高度密集，会引来吃海藻的鱼""有吃海藻的鱼，又会引来以鱼为食的其他种鱼"等都是证据。

可以作为论据的命题一般有两类：一类是已经被确认的关于事实的命题。用这类命题做论据进行论证，即是通常所说的摆事实。这类命题反映了客观事实，用作论据具有很强的说服力。另一类是有关科学定义、公理、定理、定律、原理等的判断。用这类命题作论据，即是通常所说的讲道理。由于这类命题是实践所证明了的，是对事物的本质和规律的正确反映，用作论据不仅具有很强的说服力，而且能使论证更为深刻。在实际的论证过程中，人们往往是交替使用这两种论据以增强论证的效果。

在一个复杂的论证过程中，论据可以有不同的层次。一是基本论据。它是直接用来做论据的命题。二是推导论据。它是由其他论据推导出来的命题。三是补充论据。作为补充论据的命题不是组成论证的论据，但它和论据有关，是用来说明论据的。推导论据和补充论据都是非基本论据。

（三）论证方式

论证方式就是指论据与论题之间的联系方式，即论证过程所采用的推理形式。一个论证仅仅有了论题和论据还不够，还必须有一个从论据到论题的推导过程，即借助一定的推理形式从论据推出论题。

一个论证过程可以只有一个推理形式，也可以有多个推理形式。如例（1）中的论证方式则是连锁式的充分条件假言推理：如果 A，那么 B；如果 B，那么 C；如果 C，那么 D。所以，如果 A，那么 D。在论证过程中究竟采用何种推理形式，主要取决于论证过程的实际需要，可以说，论证方式是论证过程中各种推理形式的总和。

需要指出的是，论证方式在论证过程的语言表达中不像论题和论据那么明显。因为论证方式并不独立存在于论题和论据之外，而是以隐含的形式存在于论题和论据之中的。它的目的是要从论据推出论题。因此，我们只有熟练掌握各种推理形式，正确把握论据和论题间的逻辑联系，才能在不改变原文内容的前提下，将不规范的语言表达形式变换成典型的逻辑表达式，从而明晰论证过程中所采用的推理形式。

三、论证与推理的关系

通过以上对论证的介绍，我们知道论证与推理是密切相关的。

第一，论证是借助于推理实现的，推理是论证的工具，可以说论证是推理的应用。

第二，论证和推理都是命题间的推演过程，都遵循相同的推演规则。

第三，论证的组成部分与推理的组成部分之间具有相关性。论题相当于推理的结论，论据相当于推理的前提，论证方式相当于推理的逻辑结构式（如图9-1）。

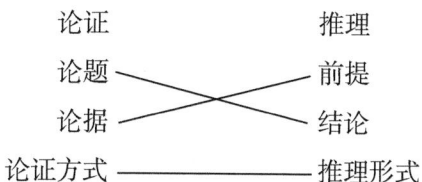

图 9-1　论证与推理的联系

论证虽然同推理有着密切联系，但是二者之间仍有着本质的区别：

第一，二者的任务不同。推理的任务是由已知的命题推出一个新的命题。它无须断定前提的真实性，只要求是已知的即可。论证的任务是由已知为真的命题去确定某一命题的真实性或虚假性，它必须断定论据为真。

第二，二者的认识过程不同。推理是先有前提后有结论；论证则是先有论题，后找论据，再用论据对论题进行论证。

第三，二者的逻辑结构简繁不同。论证结构通常较为复杂，它往往由一系列推理构成。

第二节　证明的种类

依照不同的分类标准可以把证明作如下分类：根据论据是否蕴含论题，证明可分为演绎证明和归纳证明；根据证明者证明论题的直接性或间接性，可将证明分为：直接证明与间接证明。

一、演绎证明和归纳证明

（一）演绎证明

演绎证明是运用演绎推理的形式所进行的证明，它是根据一般性原理证明某一特殊论断。在演绎证明中一般以科学原理、定理、定律和一般性的真实命题作为论据，并运用演绎推理的形式推出论题。例如：

（1）已知△ABC（如图），求证：$\angle A + \angle B + \angle ACB=180^{\circ}$（即三角形三内角之和等于 180°）。

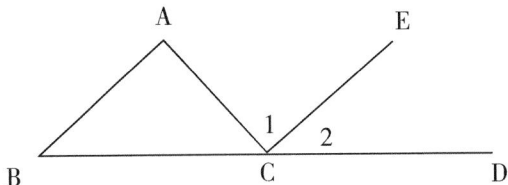

证明：延长△ABC 的一边 BC 到 D，过 C 点画射线 CE 平行于 BA，根据平行线的性质有：

∠B=∠2（定理：平行线的同位角相等）

∠A=∠1（定理：平行线的内错角相等）

∴∠A+∠B+∠ACB=∠1+∠2+∠ACB=180°

（2）改革开放是符合人民的根本利益的，因为凡是受到人民拥护的政策都是符合人民的根本利益的，改革开放是受到人民拥护的政策。

这就是两个演绎证明，例（1）是以数学定理作为论证的依据，运用了充要条件假言联言推理的肯定后件式，其推理形式可整理如下：

当且仅当∠1+∠2+∠ACB=180°，才∠B=∠2，∠A=∠1，

∠B=∠2且∠A=∠1，
_____

所以，△ABC三内角之和等于180°。

即

$$p \longleftrightarrow (q \wedge r)$$

$$\underline{q \wedge r}$$

$$\therefore p$$

例（2）是以一般事实作为论证的论据，运用的是三段论第一格 AAA 式，其推理形式整理如下：

凡是受到人民拥护的政策都是符合人民的根本利益的，　　即　MAP

改革开放是受到人民拥护的政策，　　　　　　　　　　　　　　SAM
_____

所以，改革开放是符合人民的根本利益的。　　　　　　　　　∴ SAP

（二）归纳证明

归纳证明是运用归纳推理的形式所进行的论证。它是根据一些个别的或特殊性的论断论证一般原理。例如：

（1）我们班今年保研的同学都有学生会或社团经历，因为，

　　　具保研资格者小王是校学生会文艺部长，

　　　具保研资格者小陈是院学生会会长，

　　　具保研资格者小李是公共科学研习社副会长，

　　　具保研资格者小吴是轮滑社宣传部部长，

　　　小王、小陈、小李、小吴是班上具保研资格者的全部。

（2）一切反动派都是纸老虎，希特勒是纸老虎，日本军国主义也是纸老虎，

中国的反动派也是纸老虎。

例（1）是运用完全归纳推理进行的证明，例（2）是运用简单枚举法进行的证明。

由于完全归纳推理的前提蕴含结论，只要前提真实，其结论必然真实，因此，运用完全归纳推理进行论证，能有效地确定论题的真实性。如前面对三段论规则"两特称前提得不出结论""前提中有一特称结论必特称"的证明，就是运用了完全归纳推理。不完全归纳推理的结论所断定的范围超出了其前提所断定的范围，前提与结论之间是或然的关系，因此在运用不完全归纳推理进行论证时，需要对其前提作出一些必要的科学说明，以提高结论的可靠性。如，"一切反动派都是纸老虎，希特勒是纸老虎，日本军国主义是纸老虎，中国的反动派也是纸老虎。这是因为，反动派与人民为敌，而一切与人民为敌的都是纸老虎"，这一证明同时运用了简单枚举法和三段论推理：一方面，后面的三段论推理为前面简单枚举法的前提和结论间联系的可靠性提供了有力支持；另一方面，归纳推理和演绎推理同时运用，能使证明起到既摆事实，又讲道理的作用，使证明更具说服力。

二、直接证明与间接证明

（一）直接证明

直接证明是由论据直接确定论题为真的论证。直接证明的特点是：从论题出发，为论题的真实性直接提供正面理由。如前文所介绍的演绎证明和归纳证明都属于直接证明。直接证明是最常见的证明方法，它既可以用直接推理也可以用间接推理。

这里要注意的是直接推理与间接推理的区别仅在于前提的个数，如前文推理所述，直接推理的前提是一个已知命题，间接推理的前提是一些已知命题。因而无论是直接推理还是间接推理都是直接为论题提供正面理由。

（二）间接证明

间接证明是通过确定其他命题的虚假性来论证论题真实性的证明。这种证明方法所证明的论题不是由论据按照推理规则直接推得，而是通过间接的方法得以证明。间接证明包括反证法和选言证法两种。

1.反证法

反证法是通过确定与论题相矛盾命题的虚假，从而间接确定论题真实性的论证方法。反证法的步骤大致为：第一，设与原论题相矛盾的反论题；第二，论证反论题假，通常是构成一个充分条件假言命题（后件为虚假命题），再以此为前提构成一个充分条件假言推理的否定后件式，并由否定后件进而否定其前件（即反论题假）的结论；第三步，根据排中律的"两个相互矛盾的思想不能同假，必有一真"的要求，由反论题假，得出原论题真的论证结论。

反证法的论证过程可表示为：

论题：　　　　　　　　　　p

设反论题：　　　　　　　　非 p

证：　　　　　　　　　　　如果非 p，则 q

　　　　　　　　　　　　　非 q

　　　　　　　　　　　　　所以，并非（非 p）

　　　　　　　　　　　　　所以，p

可简写为：$((\bar{p} \rightarrow q) \wedge \bar{q}) \rightarrow p$。

例如，对于"中项在前提中至少要周延一次"这条三段论规则，就可以用反证法加以论证。

中项在前提中至少要周延一次。（论题）

设：并非"中项在前提中至少周延一次"。（反论题）

如果中项在前提中都不周延（并非"中项在前提中至少周延一次"），那么，中项只能同大项和小项的一部分发生关系，而起不到联系大小项的媒介作用，从而不能得出必然结论。然而，不能必然得出结论的情况是不正确的。（论证反论题为假）

所以，中项在前提中至少要周延一次。（根据排中律得出原论题为真）

2.选言证法

选言证法是通过确认除论题外的其余所有与论题相关的可能性命题都不成立，从而确认原论题为真的一种间接证明方法。

选言证法的步骤大致为：第一，构成一个包括论题在内的选言命题，即先找出有关某个问题的所有可能断定作为选言命题的选言支，而论题只是其中的一种可能断定；第二，论证除论题这一选言支外的其他选言支都不成立；第三，根据选言推理否定后件式，从而证明论题是真的。

选言证法的形式是：

求证：p

设：或 p，或 q，或 r（p、q、r 穷尽了一切可能）

证明：非 q，

非 r，

所以，p。（根据选言推理否定后件式）

可简写为：$((p \lor q \lor r) \land (\bar{q} \land \bar{r})) \to p$。

例如，福尔摩斯对于凶手入门方式的断定。

一房间主人惨死在木椅上，福尔摩斯断定为谋杀，华生却不明白："罪犯究竟是怎么进来的呢？门是锁着的；窗户又够不着；烟囱太窄，不能通过。"福尔摩斯说："当你考虑到一切可能的因素，并且把绝对不可能的因素都除去以后，不管剩下的是什么，不管是多么难以相信的事，那不就是事实吗？咱们知道：他不是从门进来的，不是从窗户进来的，也不是从烟囱进来的。咱们也知道，他不会预先藏在屋里边，因为屋里没有藏身的地方。那么他是从哪里进来的呢？"华生顿悟："他是从屋顶那个洞进来的！"经检查，果然如此。其推理式为：

或从屋顶的洞进来，或从门进来，或从窗户进来，或从烟囱进来，或预先藏在屋里，

不从门进来，不从窗户进来，不从烟囱进来，不预先藏在屋里，

所以，从屋顶的洞进来。

第三节　反驳及其方法

一、什么是反驳

（一）反驳及其构成

反驳是用一个或一些真实命题确定另一个命题的虚假性或确定它的论证不成立的思维过程。反驳和证明一样，也是坚持真理、宣传真理不可缺少的，

它们是一个问题的两个方面，是相辅相成的。

例如，"人都是自私的"，这种说法是错误的。历史上无数革命先烈为了人民利益的需要，抛头颅，洒热血，难道是自私的吗？今天，无数的工人、农民、解放军战士和知识分子，为了建设和保卫社会主义现代化而贡献自己的力量，这难道也是自私的吗？这段话用一系列真实命题确定了"人都是自私的"这一论题的虚假性，这就是一个反驳。

反驳的结构也是由三部分构成的：反驳的论题、反驳的论据、反驳的方式。

反驳的论题，即确定对方论题为虚假的命题。

反驳的论据，即引用来作为反驳根据的命题。

反驳的方式，即反驳中所运用的推理形式。

（二）反驳的方式

反驳的方式也有相应的三种：反驳论题、反驳论据、反驳论证方式。

反驳论题：用已知为真的命题确定对方论题的虚假性。这是反驳的主要方面。驳倒了对方论题，也就驳倒了对方，这个方面的反驳是最有效的。

反驳论据：用已知为真的论据确定对方论据的虚假性。论据虚假并不能证明论题也虚假，而只能使对方的论题失去根据。因此，反驳论据对整个反驳过程来说虽然是必要的，但并不等于就驳倒了对方论题，只能说是动摇了对方论题。因而，还需要进一步驳倒对方论题。

反驳论证方式：指出对方的论据不是论题的充足理由，或揭露对方在论证中所采取的推理形式是无效的。驳倒对方的论证方式，并不等于驳倒了对方的论题，只能表明对方的论题失去论证性，其论题有可能仍然是真实的。

因此，反驳论据、反驳论证方式往往要同反驳论题结合起来运用，使之成为反驳论题的辅助手段。

二、反驳的方法

（一）直接反驳

直接反驳就是用已知为真的命题直接确定某命题的虚假性的反驳。在直接反驳中可运用演绎反驳，也可以运用归纳反驳。如，为反驳"人都是自私的"这一论题，可以用演绎推理中的性质命题加以直接反驳。原论题是一个 A 命题，可用与之相矛盾的 O 命题加以反驳，指出"有人不是自私的"，也可以用归纳推理中的简单枚举法加以反驳，列举出一些古今中外关于"人不是自私的"人和事，加以反驳。

（二）间接反驳

间接反驳也称独立证明反驳法，就是通过证明与要反驳的命题具有矛盾关系或反对关系的命题的真实性，从而根据矛盾律"只能同假，不能同真"的要求，确立被反驳命题虚假性的反驳方法。

如，要论证 SAP 假，间接反驳不是正面论证 SAP 假，而是先设与之相矛盾的论题 SOP，然后论证 SOP 为真，由 SOP 真推出 SAP 假。

根据矛盾律，从证明 SIP 真来确定 SEP 假；从证明 SEP 真来确定 SAP 假；从确定 SAP 真来确定 SEP 假；等等，都属于间接反驳。

间接反驳的过程如下：

反驳：论题 p

设反论题：非 p（p 与非 p 是矛盾关系或反对关系）

论证：非 p 真

所以， p 假。

这里要注意的是，间接反驳与反证法是有区别的，其区别主要表现为：

第一，二者的作用不同。间接反驳是用来确定一个论题的虚假，而反证法是用来确定一个论题的真实。

第二，二者的理论根据不同。间接反驳是通过确定与被反驳论题相矛盾或相反对的论题的真，根据矛盾律，确定被反驳论题的虚假性；反证法则是通过确定反论题（与原论题相矛盾的论题）为假，根据排中律，确定原论题真。

第三，二者适用的论题间的关系不同。间接反驳中独立论证为真的命题和被反驳的论题可以是矛盾关系，也可以是反对关系，而反证法中的反论题与原论题之间只能是矛盾关系，而不能是反对关系。

（三）归谬法

归谬法是假定被反驳的命题为真，由此推出与事理相悖的结论或逻辑矛盾，以确定被反驳命题虚假的反驳方法。

例如，斯大林在反驳"语言是生产工具"的错误观点时，就运用了归谬法进行反驳。他指出："生产工具生产物质资料，而语言则什么也不生产……假如语言能够生产物质资料，那么夸夸其谈的人就成为世界上最富有的人了。"

这里被反驳的论题是"语言是生产工具"，反驳时，先假定它为真，由这一被反驳论题的真，必然推出"夸夸其谈的人是世界上最富有的人"。这一结论显然是荒谬的，因此应当否定。然后根据充分条件假言推理的否定后件式，推出"语言是生产工具"这一论题是虚假的。

归谬法的反驳过程可以表示为：

反驳：论题 p

  设：p 真

证明：如果 p，那么 q

      非 q

所以，并非 p 真

所以，q 假

归谬法反驳过程可简写为：$((p \rightarrow q) \wedge \bar{q}) \rightarrow \bar{p}$。

归谬法与反证法有着密切的联系，反证法是通过确定反论题的假，间接确定论题的真实性。在确定反论题假时，常常运用归谬法。因此，也可以说，反证法中运用了归谬法，归谬法是为反证法服务的。

归谬法与反证法也有着一定的区别，主要表现为以下二个方面：

第一，二者的目的不同。反证法是论证，其目的在于确定某一论题的真实性，归谬法是反驳，其目的在于确定某一论题的虚假性。

第二，二者的结构不同。反证法的结构比归谬法复杂。反证法需要先设反论题，通过论证反论题的假，间接证明原论题的真。归谬法则不需要设反论题，而是直接由原论题推出荒谬的结论，证明原论题的假。

第三，适用的推理规则不同。反证法适用于排中律规则，归谬法则适用于充分条件假言推理规则。

第四节　论证的规则

论证规则是人们从长期思维实践中总结概括而来的，它们是正确论证的必要条件。由于论证由论题、论据和论证方式三部分构成，相应地论证的规则也基于这三个部分作出具体规定。

一、论题必须明确

论题必须明确是指构成论题的概念要清楚明确，论题断定什么要明确。具体包括两个方面的要求：一是构成论题的概念必须清楚、确切，不能用含混不清的概念；二是论题本身所表达的意思必须清楚、确切，不能有歧义。

论证的目的在于确定论题的真实性，只有论题明确，论证才能有的放矢，才能使整个论证过程由始至终围绕论题这个中心展开。如果论题含糊不清，论证过程就会失去中心，变成漫无边际的文字或语言游戏，无法使别人了解你究竟要论证什么，也就达不到论证的目的。因此，我们在进行论证时，一定要搞清楚自己要论证什么，并且要用准确的语言文字表达出来，对论题中的关键概念，必要时要加以定义或作出说明，以避免产生歧义。

违反"论题必须明确"这一论证规则，就会犯**"论题模糊"**的逻辑错误。例如，有这样一段议论：

大学生活是人生中一段最为绚丽多彩的时光，是最值得留恋的。因此，对大学生谈恋爱这一现象，我不持反对态度。因为它也是使大学生活变得更加多姿多彩的一个重要方面。但是，大学生是明天的社会中坚，一个国家、一个民族的明天在世界上的地位、在国际上的竞争能力如何，就取决于大学生在大学四年中能否努力学习，能否养成良好的学习习惯和专心致志的作风，大学期间谈恋爱，势必会影响学习，会分散大学生的精力，因此对大学生谈恋爱，我是持反对态度的。

这段议论开头说对大学生谈恋爱"不持反对态度"，后面又说"我是持反对态度的"，让人无法把握它究竟要论证的是什么，从逻辑上分析，就是违反了"论题必须明确"的论证规则，犯了"论题模糊"的逻辑错误。

二、论题应当保持同一

论题应当保持同一是指在论证过程中，论题一经确定，必须保持前后一致，不得中途改变。如果在同一个论证过程中，论题不一或发生改变，就会失去对原论题的论证、完不成论证的任务，也达不到论证的目的。违反这条规则就要犯**"转移论题"**的逻辑错误。

转移论题常见的表现形式有以下两种：

一是用内容完全不同的另一个命题替换了原论题。例如，"逻辑的基本规律是没有阶级性的。因为这些规律都是不以人的意志为转移的客观规律"。在这里，原论题是"逻辑的基本规律是没有阶级性的"，但它用另一个论题"逻辑的基本规律是客观的"所取代。这就犯了"转移论题"的逻辑错误。

二是用近似于论题的命题替换了原论题。常见的有**"论证过多"**和**"论证过少"**两种错误。论证过多是指在论证过程中不是去论证原论题，而是论证比原论题所断定的范围大的论题。如原论题是 p，那么论证的是"p+1"论题。例如，原论题是"自学可以成才"，而实际上论证的是"自学必定成才"。这就犯了"论证过多"的逻辑错误。论证过少是指论证过程中不是去论证原论题，而是论证比原论题所断定的范围小的论题。如原论题是 p，那么论证的是"p−1"论题。例如，原论题是"阶级斗争是社会发展的直接动力"，而论证的却是"阶级斗争是阶级社会发展的直接动力"这就犯了"论证过少"的逻辑错误。

在论证过程中要始终保持原论题的同一性，在辩论和论战过程中既要保持自己论题的同一性，又要准确地把握对方论题的同一性，只有这样才能在辩论和论战过程中真正做到以理服人，才具有说服力，否则就会犯"转移论题"的错误。如果故意玩弄偷换论题的手法，以便达到不可告人的目的，那就是诡辩。

三、论据要真实

论据是确立论题的根据，论证的过程就是要从论据的真实性推出论题真实性的过程。如果论据虚假，那么就无法从论据必然推出论题的真实。因此，这条规则要求人们在论证过程中所引用的论据必须是已经被证明了的真实性的命题，不能引用虚假命题，也不能引用其真实性尚未被证实的命题。

如果在论证过程中引用了虚假的命题做论据，就犯了**"虚假论据"**或**"虚假理由"**的逻辑错误。例如，"天体是运动的，因为上帝给了第一推动力"，这是牛顿的"第一推动力"理论，他认为，动者恒动，静者恒静，宇宙天体好似上帝给了第一次推动，它才运动起来。这一论证的错误就在于，他的论据是虚假的，他假定了一个根本不存在的"上帝"，所以犯了"虚假理由"的错误。

如果在论证过程中引用尚待证明其真实性的命题作为论据，就会犯**"预期理由"**的逻辑错误。例如，"埃及的金字塔肯定是外星人帮助设计建造的。因为，当时人们的科学技术和实践水平都不可能达到那样的高度。只有外星人来指导，才可能建成"。在这个论证过程中，外星人是否存在还是一个未经证实的命题，外星人飞到地球上来更未得到证实。用一个尚未得到证实的命题做论据，就犯了"预期理由"的逻辑错误。

四、论据的真实性不能依赖于论题

在论证中，论题的真实性是从论据的真实性出发推出来的，也就是说，论题的真实性是依赖于论据的真实性的，如果论据的真实性反过来要依赖于论题，那么，就会形成论题和论据互为论据、互为论题的情况，实际上等于没有论证。违反这条规则就会犯**"循环论证"**的逻辑错误。例如，"生物是进化的。因为，古代生物和现代生物有很大的差异，而为什么会有这么大的差异呢？就是因为生物是进化的"。这个论证过程，就是循环论证，"生物是进化的"这一论题，是要依靠论据"古代生物和现代生物有很大的差异"；而"古代生物和现代生物为什么有很大的差异"，却又要依赖于论题"生物是进化的"这一论题。二者互为论题，又互为论据，犯了"循环论证"的逻辑错误。

五、从论据应当能推出论题

从论据能推出论题是指从论据的真实性出发能合乎逻辑地推出论题的真实性，也就是说论据与论题之间要有必然的逻辑联系，论据应当是论题的充足理由。违反这一规则就会犯**"推不出"**的逻辑错误。常见的"推不出"逻辑错误主要有以下几种表现形式：

1. 论据与论题不相干

论据与论题不相干是指论据与论题在内容上没有必然联系。在这种情况下，即使论据真实，也不能从论据的真实推出论题的真实。如，把揭发个别领导干部行贿受贿、以权谋私等不正之风说成是反党，把刻苦学习说成是不关心国家大事、脱离实际等等，从逻辑上分析都是犯了"论据与论题不相干"的错误。

2. 论据不足

论据不足是指提供的论据对于证明论题的真实性或虚假性而言是必要的但不是充分的。如，"如果风调雨顺，就一定能获得好收成"。这就犯了"论据不足"的错误。因为，"风调雨顺"只是获得好收成的必要条件，而不是充分条件,不能从"风调雨顺"这个前提出发必然推出"能获得好收成"这个论题来。

3. 以相对为绝对

以相对为绝对是指把在一定条件下真实的命题当成无条件的真实命题,即用来论证论题的论据是超越了条件范围的论据。如把牛顿的三大定律作为论证微观领域物质运动的规律,就会犯以"相对为绝对"的逻辑错误。

4. 以人为据

以人为据是指在论证过程中,不是以论据的真实性来确定论题的真实性,而是依据有关人的社会地位、学术威望来确定论题的真实性。如,某人是高级领导或是学术权威,因此某人的观点就是真实的。这就是以人为据。

5. 违反推理规则

从论据的真实性推出论题真实性的过程就是一个推理的过程。因此,在论证过程中必须遵循推理的有关规则,违反这一规则就会犯"违反推理规则"的逻辑错误。如:

中国人生病。因为,A是中国人,A生病。

这个论证就违反了推理的规则。这实际上是一个三段论的推理过程,可整理如下:

A生病,

A是中国人,

所以,中国人生病。

很显然,这个论证的两个论据可能都是真的,但由于它违反了三段论推理的规则"前提中不周延的项在结论中不得周延",犯了"小项不当周延"的错误。

上面我们介绍了论证的五条基本规则,规则一、二是关于论题的规则;规则三、四是关于论据的规则;规则五是关于论证方式的。一个论证只要违反其中任何一条规则,都会使论证无效。

📖 复习思考题

1. 什么是论证? 它由哪些要素组成?

2. 论证与推理的联系与区别是什么?

3. 证明的种类有哪些？它们各自有什么特点。

4. 什么是反证法和选言证法？指出这两种证明方法的异同点。

5. 举例说明独立证明法和归谬反驳法的逻辑过程。

6. 简述归谬法与反证法的联系与区别。

7. 简述论证的具体规则以及违反规则所致的逻辑错误。

📖 思维训练题

一、分析下列论证的逻辑结构，指出论题、论据和论证方式，并说明论证是否正确。

1. 科学是无禁区的。因为，如果科学有禁区，就等于承认客观世界有不许接触、不可探索、不可认识的领域，这就是一种不可知论，就是蒙昧主义。

2. 教师应当受到社会的尊敬，因为教师是人类文化的传递者。如果没有教师，如果教师受不到社会应有的尊敬，人类的文化知识就无法传承。

3. 文学艺术也要实行民主。如果没有不同意见的争论，没有自由的批评，任何科学既不能发展，也不能进步，文学艺术也不例外。

4. 吸烟有害。因为烟的热解产物对人体有害。烟尘颗粒中含有多种致癌物。烟中的尼古丁和一氧化碳，对心血管造成严重损害。吸烟导致肺癌、脑出血、心脏病、高血压、气管炎等疾病。吸烟使人早衰早死。怀孕妇女吸烟，影响胎儿发育。

5. 基本初等函数都是连续的。因为我们已经证明，角函数和反函数是连续的，幂函数是连续的，指数函数是连续的，对数函数是连续的，而角函数、反函数、幂函数、指数函数和对数函数是所有的基本初等函数。

6. 对于有效三段论而言，如果一个项在结论中不周延，那么该项在前提中也不周延。因为，在有效三段论中，如果一个项在前提中不周延，那么该项在结论中不得周延。

7. 闪婚是指男女双方恋爱不到半年就结婚。某研究机构对某市法院审理的所有离婚案件作了调查。结果显示，闪婚夫妻三年内起诉离婚的比例远远高于非闪婚。由此，该研究机构认为闪婚是目前夫妻离婚的一个重要原因。

8.在这个实验中，加压降温都没有达到一定限度，因为，如果有良好的仪器设备，并且加压降温都达到一定限度，那么，就能使气体液化，而现在虽有良好的仪器设备，但始终没有使气体液化。

二、请用直接证明和间接证明方式对下列论题进行论证。

1.生物是发展变化的。

2.教书育人是教师的首要任务。

3.抓好高校思想政治工作阵地建设的关键是抓住课堂这个主阵地。

4.社会历史的发展是不可抗拒的。

5.事要去做才能成就事业，路要去走才能开辟通途。

6.党建是一贯性和具体性的统一。

三、分析下列反驳的结构，指出被反驳的论题和反驳方式。

1.有人说逻辑有阶级性，这是不对的。如果说逻辑有阶级性，那么历史上和现实中就应当有农民阶级的逻辑和地主阶级的逻辑之分，有无产阶级的逻辑和资产阶级的逻辑之别，然而事实并非如此，逻辑对任何阶级都是一视同仁的。

2.倘若说，作品越高，知音越少。那么，推论过来，谁也不懂的东西，就是世界上的绝作了。

3.胡适在北大任教，一次公开讲课中，他说白话文比古文简洁。有学生提出反驳。于是，胡适就出了一道题，就如何回绝行政院秘书一职草拟电文，学生用古文，胡适用白话文，看谁使用的字少。学生给出的答案是："才疏学浅，恐难胜任，不堪从命！"用了十二个字。胡适给出的答案则只有五个字："干不了，谢谢。"

4.一天两名外国人在终南山猎获两头野牛。时任陕西督军的冯玉祥将军说："你们不经地方政府的批准，私自行猎，就是犯法行为，你们不知罪吗？"

两名外国人说："我们这次到陕西，中国外交部发给的护照上，不是写着准许携带猎枪吗？可见我们行猎已得到你国政府的批准，怎么能说是私自行猎呢？"

冯玉祥说："准许你们携带猎枪就是准许你们行猎吗？许你们携带手枪，

难道你们就可以在中国境内随意杀人吗？"

5.有人说，"吃鱼可以使人聪明"，真的是这样吗？鲁迅先生因刺多费时，素不喜欢吃鱼，他那目光如炬的洞察力，所向披靡的批判锋芒，足以显示了他的聪明。"举家食粥"的曹雪芹，此时恐早已与鱼无缘，却写下了闻名于世的《红楼梦》。就是喜食鱼头的聂卫平，如果只是一日三餐大吃鱼头，也绝无棋盘上的聪明的。那些花天酒地，终生绝无食鱼之虞的末代昏君与纨绔子弟，有一个聪明的吗？海底那些唯以鱼为食的生物，虽比人类出现得还要早，至今也仅仅聪明到为人类的盘中餐而已！天才无疑是聪明的，然而"天才，就是百分之二的灵感加上百分之九十八的汗水"。这是吃鱼就能吃出来的吗？历史上杰出的人物，反倒多是从困境中走出来的，是从"食无鱼"的境况中奋斗出来的。

四、指出下列论证中的逻辑错误。

1.一项调查统计显示，肥胖者参加体育锻炼的月平均量，只占正常体重者的不到一半，而肥胖者的食物摄入的月平均量，基本和正常体重者持平。专家由此得出结论，导致肥胖的主要原因是缺乏锻炼，而不是摄入过多的热量。

2.流行音乐对大学生的冲击，正对他们产生恶劣的影响。书籍需要潜心钻研，它们自然无法去与流行音乐的通俗易懂、猛烈激昂竞争。怎能设想，一旦大学生沉溺到流行音乐的激烈喧嚣中不能自拔，他们还能去孜孜研读柏拉图或爱因斯坦的鸿篇巨制？流行音乐引发的兴趣，使大学生对学习的兴趣相形见绌。并且，事情还不仅仅如此，学生们越来越诉诸流行音乐来回答人生和世界的种种问题，而完全忽视了先贤和教授们的复杂理念。

3.在一次法庭辩论中，控方请出的证人指证被告人王某是一桩纵火案的作案人，他的根据是当时他看见王某从着火现场跑出来。

4.质量与数量是对立统一的，是可以相互转化的。质量的好坏，影响着数量的多少；数量的多少，又促进着质量的不断改进。而假冒伪劣产品质量低劣，白白地消耗着各种宝贵的资源，因此，这是最大的资源浪费。

5.据报载，有人因勇救落水儿童而牺牲，被民政部门批准为革命烈士。当其家属向对烈士的死负有责任的单位提出民事赔偿时，有人却认为这会玷污烈士见义勇为的行为，而该单位也声称"烈士家属无权要求民事赔偿"。

📖 巩固与拓展

一、单项选择题

1.尽管冬天来临了，但是工业消费者使用的石油价格今年特别低，并且可能持续下去。所以，除非冬天特别寒冷，工业消费者使用的天然气价格也可能保持在低水平。

以下哪项为真，最能支持上述结论？（　　　）

A.长期天气预报预测会有一个温和的冬季

B.消费大量天然气的工业用户可以很快和便宜地转换到石油这种替代品

C.石油和天然气二者最大供给来源地在亚热带地区，不太可能受冬季气候的影响

D.天然气的工业用户的燃料需求量不会受气候的严重影响

2.提高教师应聘标准并非引起目前中小学师资短缺的主要原因。引起中小学师资短缺的主要原因是近年来中小学教学条件的改进缓慢，以及教师工资增长未能与其他行业同步。

以下哪项如果为真，最能加强上述断定？（　　　）

A.虽然还有别的原因，但收入低是许多教师离开教育岗位的理由

B.许多教师把应聘标准的提高视为师资短缺的理由

C.有些能胜任教师职位的人，把应聘标准的提高作为自己不愿执教的理由

D.许多在岗但不胜任的教师，把低工资作为自己不努力进取的理由

3.商场经理为减少营业员和方便顾客,把儿童小玩具从营业专柜移入超市,让顾客自选。

以下哪项真，则经理的做法会导致销售量下降？（　　　）

A.儿童小玩具品种多，占地并不多

B.儿童和家长是在营业员的演示下引起对小玩具的兴趣的

C.儿童小玩具能启发儿童的智力，一直畅销

D.儿童自己不容易看懂玩具的说明书

4.在某西方国家，高等学校的学费是中等收入家庭难以负担的，然而，许多家长还是节衣缩食供孩子上大学。有人说，这是因为高等教育是一项很好

的投资。

以下哪项对以上说法提出质疑？（　　　）

A.一个大学文凭每年的利润率是13%以上，超过了股票的长期利润率

B.在25—29岁的人中，只有高中学历的失业率是受过高等教育的人数的3倍

C.科技发展迅速，经济从依赖体力转变为更多地依赖脑力，对大学学历的回报进一步提高

D.随着计算机技术的发展，许多原来需要高技术人才承担的工作可以雇只会操作键盘的技工来干

5.小猫和小猴出生后就将其一只眼睛蒙住，共两周，此眼便失去正常视力，眼罩解开后亦如此，这说明出生初期对正常视力发育至关重要。

以下哪项如果为真，最能支持以上论证？（　　　）

A.成人蒙住一只眼睛两周后，另一只眼睛视力依然正常

B.新生的小动物通常视力都不好

C.两个月大的动物比起新生小动物，蒙眼两周所产生的影响要小

D.视力可通过学习获得，而不是靠遗传影响

6.许多研究人员推测：大脑细胞中的RNA是记忆的生化基础，即RNA的存在使我们能够记忆。已知某一化学物质可抑制体内RNA的合成，研究人员将RNA抑制物注射到已经练过跳火圈的狗的体内，然后，检验其对所学跳火圈技巧的记忆，用这种方法来检验他们的推测是否正确。

以下哪一种实验结果能最有力地推翻研究人员的推测？（　　　）

A.注射了RNA抑制物后，许多技巧（包括跳火圈技巧）均受影响

B.注射了RNA抑制物后，许多没学会跳火圈的狗竟能熟练地跳火圈

C.注射了RNA抑制物后，一些狗将学会的跳火圈的全部技巧忘掉了，其他的只忘掉了一部分

D.当只注射少量的RNA抑制物时，对狗的影响不大，但注射大量抑制物时，狗对跳火圈的记忆明显受损

7.越来越多的有说服力的统计数据表明，具有某种性格特征的人易患高血压，而具有另一种性格特征的人易患心脏病，如此等等。因此，随着对性格

特征的进一步分类了解，通过主动修正行为和调整性格特征以达到防治疾病的可能性将大大提高。

以下哪项最能反驳上述观点？（　　）

A.一个人可能会患有与各种不同性格特征均有关系的多种疾病

B.某种性格与其相关的疾病可能由相同的生理因素导致

C.某一种性格特征与某一种疾病的联系可能只是数据上的巧合，并不具有一般性意义

D.用心理手段医治与性格特征相关的疾病的研究，导致心理疗法遭到淘汰

8.马医生发现，在进行手术前喝高浓度加蜂蜜的热参茶可以使他手术时主刀更稳，用时更短，效果更好。因此，他认为，要么是参，要么是蜂蜜，含有的某些化学成分能帮助他更快更好地进行手术。

以下哪项如果为真，能削弱马医生的上述结论？（　　）

（1）马医生在喝含高浓度加蜂蜜的热柠檬茶后的手术效果同喝高浓度加蜂蜜的热参茶一样好。

（2）马医生在喝白开水之后的手术效果与喝高浓度加蜂蜜的热参茶一样好。

（3）洪医生主刀的手术效果比马医生好，而前者没有术前喝高浓度的蜂蜜热参茶的习惯。

A.只有（1）　　　　　　　　　B.只有（2）

C.只有（1）和（2）　　　　　　D.（1）、（2）和（3）

二、综合分析题

随着各类风险和灾害场景及特征的演变，应急管理中的韧性理念越来越为大家所重视。回顾我国应急管理70余年的实践可以发现，我国应急管理总体上遵循了三大理念，即危机应对、风险管理和韧性治理。

长期以来，危机应对和风险管理理念在实践中受到更多重视。但实际上，由于安全威胁因素中不确定和复合性因素的加大，精确地预测、控制、防御等对于安全的积极意义是相对弱化的。因此，韧性治理认为将风险作为一种完全可认知、可预测的外部威胁并不可取，安全问题应当内化为人类社会正常生活的组成部分。换而言之，根据韧性治理理念，应急管理应当打破原有的安全和安全客体间固化的敌对模式，从而将人们对安全问题的认知从如何克服、战胜

安全威胁转变为人们如何与安全威胁相处。基于此，韧性治理理念追求的并不是没有风险和灾害的社会，而是不怕风险的社会。风险或许难以预测且不可避免，片面强调抵抗或防止风险发生并不可取，因而需要增强社会面对灾害时的韧性，即抗干扰和恢复能力，这样一来，无论灾害如何发生，社会都能承受其冲击而不至于陷入失序状态或遭受永久性伤害，事后通过总结、反思与学习，社会也能变得更为强大。

韧性治理要求把关系社会良性运转的重要功能和设施重复设置为备用模块，且在时间和空间维度上布局分散，一旦灾害突发造成部分作用中断、退化乃至功能丧失，多样冗余的后备模块即可补充最严重的缺陷，使因功能失灵而整体瘫痪的系统得以迅速复原。例如多种交通方式的组合可以实现突发情形下人员的大规模转移，同样的道理适用于多个地点建造危机处理中心，建筑物多层多位置设置多个撤离出口等。因此，增加冗余度意味着重复配置一些重要的基础设施和服务设施，涉及供电、通信、道路疏散、食品供应和医疗等系统。当然，增加冗余度不仅表现在物质结构方面，管理结构和制度结构方面同样如此，一旦管理系统中某个个人或组织功能失效，或者某个功能模块应答过载，阻碍了防灾救灾工作的顺利推进，要能够迅速割离、撤换掉相关模块，迅速提供替代性的措施和服务。

韧性治理强调任何一次危机应对都不能只重视结果，而应将其视为总结与学习灾害防治经验的过程，也是全社会应对灾害能力提升的过程。在这一过程中，由于学习能力的存在，整个系统完成了从反思到适应的过渡，伴随着整个系统对原有应急标准和准则的科学修正，应急决策的科学性也得以展现。因此，切实强化灾害场景中的学习能力成为提升应急管理体系韧性水平的长效措施，也只有在高水平的组织学习中，风险治理才会找到新的行动方向。

资料来源：《韧性治理：推动应急管理现代化新方向》

（求是网，2020 年 4 月 20 日）

阅读以上论文节选，回答以下问题：

（1）上文对于"韧性治理"的描述运用了何种论证？

（2）何为"韧性治理"？其核心是什么？

综合练习题

综合练习题（一）

一、单项选择题

1. "p ← q" 与 "r ∨ s" 这两种逻辑形式，它们的变项和常项（　　）

A. 变项和常项都相同　　　　　　　B. 变项不同但常项相同

C. 常项不同但变项相同　　　　　　D. 变项和常项都不同

2. 在"中国女足将与巴西、荷兰、赞比亚争夺小组出线权"和"中国女足公布了出征东京奥运会的 22 人名单"这两个语句中的"中国女足"是何种概念？（　　）

A. 都是集合概念

B. 都是非集合概念

C. 前者是集合概念，后者是非集合概念

D. 前者是非集合概念，后者是集合概念

3. 与"工作：休闲：旅游"作类比，下面正确的是（　　）

A. 消费：节约：省电　　　　　　　B. 健康：生病：治疗

C. 下岗：就业：培训　　　　　　　D. 污染：环保：绿化

4. 既否定 SAP 为真，又否定 SEP 为真，则（　　）

A. 违反同一律　　　　　　　　　　B. 违反矛盾律

C. 违反排中律　　　　　　　　　　D. 不违反逻辑规律

5. 某产品出售后出现严重质量问题，用户提出："要么换货，要么退款。"卖方回应："我们不同意这样处理。"

若卖方坚持自己的回答，以下哪项是他们在逻辑上必须同意的？（　　　）

A. 为用户退款而不是换货

B. 为用户换货而不是退款

C. 用户到消费委员会投诉

D. 如果对用户既不换货又不退款的话，那么就要对用户既换货又退款

6. 有些江西人不爱吃辣椒。因此，有些爱吃甜食的人不爱吃辣椒。

以下哪项能保证上述推论成立？（　　　）

A. 有些江西人爱吃辣椒　　　　　　B. 所有爱吃甜食的人不爱吃辣椒

C. 所有的江西人都爱吃甜食　　　　D. 所有爱吃甜食的人都是江西人

7. 如果你考试作弊，你就会受到学校处分；如果你受到学校处分，你就会暂缓毕业；如果你暂缓毕业，你就无法获得理想的工作；而只有获得理想的工作，你才能过得舒心。

从上述叙述中，可以推出下列哪一个结论？（　　　）

A. 你考试不作弊，日子就会过得舒心

B. 你考试作弊，日子就不会过得舒心

C. 你日子过得不舒心，证明你考试作弊了

D. 如果你正常毕业，你日子就能舒心

8. 城东商城公关部职工的平均工资是营业部职工的 2 倍，因此，公关部职工比营业部职工普遍有较高的收入。

以下哪项如果为真，将最能削弱上述论证？（　　　）

A. 公关部职工的人均周实际工作时数要超过营业部职工的 50%

B. 按可比因素计算，公关部职工为商城创造的人均价值是营业部职工的
近 10 倍

C. 公关部职工中最高工资与最低工资间的差别要远大于营业部职工

D. 公关部职工的人数只是营业部职工的 10%

9. 电视纪录片不只是表现了那些来自遥远的东非的人们对保护野生动物的虔诚，而且还向我们展示了在一个缺少食品的国度，大象是一种有害的动物，而且是一种聪明的有害动物。目前好像还没有办法保护非洲东部的农田受晚上出来寻找食物的狼吞虎咽的象群的破坏。

以下哪项最合逻辑地完成上文的论述？（　　　）

A. 保护野生动物可能会危害人类的安康

B. 现在应将大象从濒临灭绝的动物名单中除去

C. 电视纪录片除了重复那些被接受的虔诚外不应再记录别的事

D. 农民和农业官员在采取任何控制象群的措施前应当与野生动物保护者密切合作

10. 8 个博士 C、D、L、M、N、S、W、Z 正在争取获得某项科研基金。按规定只有一个人能获得该项基金。谁获得该项基金，由学校评委会投票决定。评委分成不同的投票小组。如果 D 获得的票数比 W 多，那么 M 将获得该项基金；如果 Z 获得的票数比 L 多，或者 M 获得的票数比 N 多，那么 S 将获得该项基金；L 获得的票数比 Z 多，同时 W 获得的票数比 D 多，那么 C 将获得该项基金。

如果 S 获得了该项基金，那么下面哪项结论一定为真？（　　　）

A. L 获得的票数比 Z 多　　　　　B. Z 获得的票数比 L 多

C. D 获得的票数不比 W 多　　　　D. M 获得的票数比 N 多

二、多项选择题

11. 下列对概念的概括和限制，正确的有（　　　）

A. "湖南"限制为"长沙"　　　　B. "地球"限制为"南半球"

C. "帆布袋"限制为"蓝色的帆布袋"　D. "冰箱"概括为"家用电器"

E. "学生"概括为"知识分子"

12. 下列属于功用定义的是（　　　）

A. 偶数就是能被 2 整除的整数

B. 体温计是用来测量人体温度的仪器

C. 无机物是不含碳的化合物

D. 建筑是凝固的音乐

E. 圆规是数学和制图里，用来绘制圆或弧的一种工具

13. 下列对概念的划分，正确的是（　　　）

A. 企业分为国有企业和集体企业　　B. 香料分为人工香料和自然香料

C. 战争分为常规战争和世界战争　　D. 直系亲属分为父母和配偶

E. 小说分为长篇小说、中篇小说和短篇小说

14. 下列复合命题的推理形式中，有效的有（　　　　）

A. $(p \wedge q \wedge r) \rightarrow p$

B. $((p \vee \overline{q}) \wedge q) \rightarrow \overline{p}$

C. $((p \veebar \overline{q}) \wedge q) \rightarrow \overline{p}$

D. $(((p \wedge q) \rightarrow r) \wedge \overline{r}) \rightarrow \overline{p \wedge q}$

E. $((p \leftarrow r) \wedge r) \rightarrow p$

15. 若 SAP 与 SIP 同真，则 S 与 P 的外延关系可能是（　　　　）

A. 全异　　　　　　　　　　　　B. 全同

C. 交叉　　　　　　　　　　　　D. P 真包含 S

E. S 真包含 P

三、图表题

16. 用欧拉图表示以下标有横线的概念之间的关系。

武汉（a），位于我国华中地区的湖北（b），与南昌和长沙（c）一样，都是长江经济带核心城市（d）。

17. 用真值表方法判定以下推理是否成立。

如果患有肝炎，那么一定会出现厌食；我最近常感厌食。因此，我准是患了肝炎。

四、综合题

18. 由"说假话的都不是正派人"能否推出"有些正派的人不说真话"。请构造直言命题变形推理进行证明。

19. 运用有关规则，判定下列命题推理是否有效。

航天号飞机的失事或是由于设备故障，或是由于人为破坏；已查明失事原因确系设备故障。因此，可以排除人为破坏。

20. 试证明：若有效的第四格三段论的小项在结论中周延，则该三段论必为 AEE 式。

21. 分析下列论证的结构，指出其论题、论据和论证方式。

在大多数情况下，很多人、很多企业都会觉得自己是与生俱来、浑然天成的沟通专家，当然很多人也都觉得自己颇具公共关系的天赋。然而，公共关系的历史和理论告诉我们，只有坚持持续地向时代学习，才能让我们一直因成功的沟通而获益。技术的进步与社会的发展总是相辅相成，5G 时代与全球突发疫情交织，更与世界百年未有之大变局同期，每个国家、每个企业和每个人的沟通都在发生前所未有的变革。新的信息技术正在引发人类社会的新一轮革命，5G 技术正是这种新技术的代表。放眼世界，危机仍频发、变局已开启。由 5G 带来的"高速舆情、百变舆论、海量信息、视频第一"等全新的现象集中出现，公共关系的理论与实践都在被丰富、升级乃至改写。

22. 南昌大学举办一年一度的美食节，同学们纷纷购买食材准备制作美食。小马、小牛和小朱 3 位同学相约去超市购买食材。该超市仅售鱼、肉、蛋、菜 4 种食物，且 3 位同学中的每一人至少买一种食物。他们根据以下条件来选择食物：

（1）每位同学最多只买每种食物一份；

（2）若 3 位同学中的某位买了肉，则他不买菜；

（3）至少有一位同学买了肉，至少有一位同学买了蛋；

（4）小牛买了菜；

（5）小朱买了鱼；

（6）小朱和小马不买蛋；

（7）小牛和小朱不买同样的食物。

请问，若超市内每份食物收费 5 元，则这三位同学最少可能花多少钱？最多可能花多少钱？请详细写出推理过程。

综合练习题（二）

一、单项选择题

1. "只有品德好，才能当三好学生"与"除非努力，否则不能成功"这两个命题，它们的（　　　）

A. 逻辑常项相同但逻辑变项不同　　　B. 逻辑变项和逻辑常项都相同

C. 逻辑常项不同但逻辑变项相同　　　D. 逻辑变项和逻辑常项都不同

2. "森林占地球面积在逐步减少"和"森林是人类的宝贵资源"这两个命题中的"森林"（　　　）

A. 都是集合概念

B. 都是非集合概念

C. 前者是集合概念，后者是非集合概念

D. 前者是非集合概念，后者是集合概念

3. 与"松树：树"作类比，下面不正确的是（　　　）

A. 红色：颜色　　　　　　　　　B. 深圳：经济特区

C. 南昌：省会城市　　　　　　　D. 中国：亚洲

4. 与定义"底线伦理就是不偷盗不抢劫"所犯逻辑错误最接近的是（　　　）

A. 补偿贸易就是补偿性贸易

B. 商品是用来交换的劳动产品

C. 书籍是人类进步的阶梯

D. 非婚生子女不是有婚姻关系的男女所生的子女

5. "有的学生不习惯熬夜"，这一命题的主谓项周延情况，正确的是（　　　）

A. 主项和谓项都周延　　　　　　B. 主项周延谓项不周延

C. 主项不周延谓项周延　　　　　D. 主项和谓项都不周延

6. 一个有效三段论的小项、大项、中项分别为 S、P、M，若 P 在结论中周延，则大前提只能是（　　　）

A. PIM　　　　　　B. MOP　　　　　　C. MAP　　　　　　D. POM

7. 世界级的马拉松选手每天跑步不少于两小时，除非是元旦、星期天或得了较严重的疾病。

若以上论述为真，以下哪项所描述的人不可能是世界级马拉松选手？（　　）

A.某人连续三天每天跑步仅一个半小时，并且没有任何身体不适

B.某运动员几乎每天都要练习吊环

C.某人在脚伤痊愈的一周里每天跑至多一小时

D.某运动员在某个星期三没有跑步

8.在人口最稠密的城市中，警察人数占总人口的比例也最大。这些城市中的"无目击证人犯罪"的犯罪率也最低。看来，维持高比例的警察至少可达到有效地阻止此类犯罪的效果。

以下哪项如果为真，最能有效地削弱上述推论？（　　）

A.警察的工作态度和巡逻频率在各个城市是有很大差别的

B.高人口密度本身使得犯罪现场无目击证人的可能性减少

C.许多发生在大城市的非暴力犯罪都与毒品有关

D.人口稠密的城市中，大多数罪犯并不是被警察抓获的

9.某矿山发生了一起严重的安全事故。关于事故原因，甲、乙、丙、丁四位负责人有如下断定——

甲：如果造成事故的直接原因是设备故障，那么肯定有人违反操作流程。

乙：确实有人违反操作规程，但造成事故的直接原因不是设备故障。

丙：造成事故的直接原因确实是设备故障，但并没有人违反操作流程。

丁：造成事故的直接原因是设备故障。

如果上述断定只有一个人的断定为真，那么以下断定正确的是（　　）

A.设备出现故障　　　　　　　B.设备没有故障

C.乙的断定为真　　　　　　　D.丁的断定为真

10.有些家长对学龄前的孩子束手无策，他们自愿参加了当地的一个为期6周的"家长培训"计划。家长们在参加该项计划前后，要在一份劣行调查表上为孩子评分，以表明孩子到底给他们带来了多少麻烦。家长们报告说，在参加了该计划之后他们遇到的麻烦确实比参加之前要少。

以下哪项如果为真，最可能怀疑家长们所受到的这种培训的真正效果？

（　　）

A. 这种训练计划所邀请的课程教授尚未结婚

B. 参加这项训练计划的单亲家庭的家长比较多

C. 家长们通常会在烦恼不堪、情绪落入低谷时才参加什么"家长培训"计划，而孩子们的捣乱和调皮有很强的周期性

D. 填写劣行调查表对于这些家长来说不是一件容易的事情，尽管不需要花费太多时间

二、多项选择题

11. 下列对概念的概括和限制，正确的是（　　　）

A. "武夷山脉"限制为"武夷山"　　　　B. "动物"限制为"生物"

C. "岛"概括为"群岛"　　　　D. "地球"概括为"星球"

E. "铅笔"概括为"学习用具"

12. 下列对概念的划分，正确的是（　　　）

A. 眼镜划分为镜框和镜片

B. 地球划分为南半球与北半球

C. 学生划分为男生和女生

D. 城市划分为小城市、大城市与直辖市

E. 三角形划分为直角三角形、钝角三角形与锐角三角形

13. 下列定义中，不正确的是（　　　）

A. 生命就是生命体的生理现象

B. 命题是对事物情况有所断定的思维形式

C. 期刊是每月定期出版的刊物

D. 书是人类进步的阶梯

E. 圆是平面上一动点围绕一定点做等距离运动所留下的封闭曲线

14. 在下列复合判断推理式中，无效的是（　　　）

A. $(p \land q) \to p$　　　　B. $((p \lor \bar{q}) \land q) \to \bar{p}$

C. $((p \lor q) \land \bar{p}) \to q$　　　　D. $((p \to \bar{q}) \land \bar{q}) \to \bar{p}$

E. $((p \leftarrow q) \land \bar{q}) \to \bar{p}$

15. 韩国人爱吃酸菜，翠花爱吃酸菜，所以，翠花是韩国人。

下列推理与上述推理具相似逻辑错误的是（　　　）

A. 所有的金属都能导电，铜是金属，所以，铜能导电

B. 会走路的动物都有腿，桌子有腿，所以，桌子是会走路的动物

C. 所有金子都闪光，所以，有些闪光的东西是金子

D. 牛是动物，羊是动物，所以，有些牛是羊

E. 朝鲜人爱吃酸菜，小梅是朝鲜人，所以小梅爱吃酸菜

三、图表题

16. 用欧拉图表示以下标有横线的概念之间的关系。

<u>北京大学</u>（a）是<u>全国重点大学</u>（b），但不是<u>以理工科为主的大学</u>（c），<u>清华大学</u>（d）既是全国重点大学，又是以理工科为主的大学。

17. 用真值表方法判定以下真值形式的类型。

$$(p \rightarrow q) \leftarrow (\bar{p} \lor q)$$

四、综合题

18. 分析下列论证是否违反逻辑基本规律，如违反指出其违反哪条规律，犯了什么错误。

学习必须下苦功。我在学习过程中体会到，当要记住一个公式或一个定理的时候，只看而不练，就是看几遍也记不住。所以，学习要注意多练习。

19. 写出下列三段论的推理式，指出其格与式，并根据三段论规则证明其是否有效。

凡细粮都不是高产作物。因为凡薯类都是高产作物，凡细粮都不是薯类。

20. 分析下述推理是否有效。

如果有发言权，那么作了调查研究，事实上，小王没有发言权，所以他没有作调查研究。

21. 试证明：由"不搞阴谋诡计的人不是野心家"可推出"有些非野心家不搞阴谋诡计"。

22. 中秋节那天，王主任为办公室的小明、小雷、小刚、小芳、小花5位来自不同地域的同事准备了京式、广式、苏式、台式、滇式、港式、潮式等7份月饼。已知所有月饼都分了出去，每份月饼只能由一人获得，每人最多获得两份月饼。另外，月饼分发还需满足如下要求：

（1）如果小明收到广式月饼，则小芳会收到港式月饼；

（2）如果小雷没有收到京式月饼，则小芳不会收到港式月饼；

（3）如果小刚没有收到苏式月饼，则小花不会收到潮式月饼；

（4）没有人既能收到苏式月饼，又能收到台式月饼；

（5）小明只收到广式月饼，而小花只收到潮式月饼；

（6）小刚和小雷都收到了两份月饼。

请根据上述情况，推断小明、小雷、小刚、小芳、小花分别收到什么类别的月饼，请详细写出推理过程。

综合练习题（三）

一、单项选择题

1. "毛泽东的著作深入浅出，通俗易懂"和"《矛盾论》是毛泽东的著作"这两个命题中"毛泽东的著作"（　　　）

A. 都是集合概念

B. 都是非集合概念

C. 前者是集合概念，后者是非集合概念

D. 前者是非集合概念，后者是集合概念

2. 与"期刊：杂志"作类比，下面正确的是（　　　）

A. 酱油：食品　　　B. 皮肤：搔痒　　　C. 油墨：印刷　　　D. 水果：柠檬

3. "$((p \rightarrow q) \wedge (r \rightarrow s) \wedge (p \vee r)) \rightarrow (q \vee s)$"这一推理式是（　　　）

A. 二难推理的简单构成式　　　　　　B. 二难推理的简单破坏式

C. 二难推理的复杂构成式　　　　　　D. 二难推理的复杂破坏式

4. 一个相容选言判断"$p \vee \bar{q}$"假，那么一定是（　　　）

A. p、q 都真　　　B. p 真 q 假　　　C. p 假 q 真　　　D. p、q 都假

5. 公共产品：由公共部门提供的用来满足社会公共需要的产品。其中，纯公共产品是指任何一个人对某种物品的消费不会减少其他人对其消费的物品。

下列属于纯公共产品的是（　　　）

A. 一国的国防　　　　　　　　　　　B. 因拥挤而收费的高速公路

C. 城市中建设的免费公园　　　　　　D. 商场提供的免费赠品

6. 妈妈要带两个女儿去参加一个晚宴，女儿在选择搭配衣服。家中有蓝色短袖衫、粉色长袖衫、绿色短裙和白色长裙各一件。妈妈不喜欢女儿穿长袖衫搭配短裙。

以下哪种是妈妈不喜欢的方案？（　　　）

A. 姐姐穿粉色衫，妹妹穿短裙　　　　B. 姐姐穿蓝色衫，妹妹穿短裙

C. 妹妹穿长袖衫和白色裙　　　　　　D. 姐姐穿蓝色衫和绿色裙

7. 有一种长着红色叶子的草，学名叫 abana，在地球上极稀少。北美的人

都认识一种红色叶子的草，这种草在那里很常见。

从上面事实不能推出的是（　　　）

A.北美的那种红色叶子的草就是 abana　　B. abana 可能不是生长在北美

C.北美有的草并不稀少　　　　　　　　D.并非所有长红叶子的草都稀少

8.李教授是重庆人，考试时，他只把 A+ 给重庆籍学生。例如，上学期他教的班中只有张红和李娜得了 A+，她们都是重庆人。

为了检验上述论证的有效性，最可能提出以下哪个问题？（　　　）

A.李教授与张红和李娜间有没有特殊私人关系？

B.李教授为什么更愿意把 A+ 给重庆籍学生？

C.李教授给 A+ 的学生中是否曾有非重庆籍学生？

D.张红和李娜的成绩与她们的平时、卷面得分是否相符？

9.英国有家小酒馆采取客人吃饭付费"随便给"的做法，即让顾客享用葡萄酒、蟹柳及三文鱼等美食后，自己决定付账金额。大多数顾客均以公平或慷慨的态度结账，实际金额比那些酒水菜肴本来的价格高出 20%。该酒馆老板另有 4 家酒馆，而这 4 家酒馆每周的利润与付账"随便给"的酒馆相比少 5%。这位老板因此认为，"随便给"的营销策略很成功。

以下最能解释老板营销策略成功的是（　　　）

A.部分顾客希望自己看上去有教养，愿意掏足够甚至更多的钱

B.如果客人所付低于成本价格，就会受到提醒而补足差价

C.对于过分吝啬的顾客，酒馆老板常常也无可奈何

D.客人常常不知道酒水菜肴的实际价格，不知道该付多少钱

10.由于烧伤致使四个手指黏结在一起时，处置方法是用手术刀将手指黏结部分切开，然后施行皮肤移植，将伤口覆盖住。但是，有一个非常头痛的问题是，手指靠近指根的部分常会随着伤势的愈合又黏结起来，非再一次开刀不可。一位年轻的医生从穿着晚礼服的新娘子手上戴的白手套得到启发，发明了完全套至指根的保护手套。

以下哪项如果为真，最能削弱保护手套的作用？（　　　）

A.该保护手套的透气性能直接关系到伤势的愈合

B.由于材料的原因，保护手套的制作费用比较高，如果不能大量使用，

价格很难下降

C. 烧伤后新生长的皮肤容易与保护手套粘连，在拆除保护手套时容易造成新的伤口

D. 保护手套需要与伤患的手形吻合，这就影响了保护手套的大批量生产

二、多项选择题

11. 下列逻辑错误中，违反同一律要求的是（　　）

A. 偷换概念　　　　B. 转移论题　　C. 自相矛盾

D. 模棱两可　　　　E. 推不出

12. 下列对概念的概括和限制，不正确的有（　　）

A. "病毒"限制为"德尔塔病毒"　　　B. "亚洲"限制为"中国"

C. "学院"概括为"大学"　　　　　　D. "学生"概括为"知识分子"

E. "居家办公"概括为"自我隔离"

13. 下列定义中，犯"定义过宽"错误的是（　　）

A. 奇数就是偶数加一　　　　　　　B. 苹果就是长在树上的水果

C. 期刊是每月定期出版的刊物　　　D. 爱情是一种男女之间的感情

E. 民歌是流传在民间的歌谣

14. 若 SAP 假而 SIP 真，则 S 与 P 外延之间可能是（　　）

A. 全同关系　　　　B. 真包含关系　　C. 交叉关系

D. 全异关系　　　　E. 真包含于关系

15. 下列推理错误的有（　　）

A.（MIP ∧ SAM）→ SIP　　　　　B.（PAM ∧ SAM）→ SAP

C.（MEP ∧ MAS）→ SOP　　　　　D.（PIM ∧ MAS）→ SIP

E.（MAP ∧ SEM）→ SEP

三、图表题

16. 用欧拉图表示以下标有横线的概念之间的关系。

袁隆平（a）是我国工程院院士（b），杂交水稻育种专家（c），被誉为"杂交水稻之父"（d）。

17. 用真值表方法判定下列两个命题是否等值。

A.并非：该被告既守法，又遵守本单位的规章制度。

B.该被告既不守法，又不遵守本单位的规章制度。

四、综合题

18.由"一切真正的革命者都是光明磊落的"能否推出"不光明磊落的人不是真正的革命者"。请构造直言命题变形推理进行证明。

19.运用有关规则，判定下列命题推理是否有效。

如果忽视野生大熊猫生存自然环境的保护，那么，野生大熊猫的数量就会不断减少甚至灭绝。相关数据表明，野生大熊猫的数量在不断减少。所以，人们忽视了对野生大熊猫生存环境的保护。

20.试证明：一个有效三段论的小前提为 E 命题，该三段论大前提不能是特称命题。

21.分析下列论证的结构，指出其论题、论据和论证方式。

阿尔迪、里德尔等德国超市折扣连锁店在全球食品涨价潮中逆市走俏。德国模式的折扣连锁店经营方式不同于普通超市、家庭店铺或法国特色的农民市场。它的店面一般仅有两三百平方米，过道狭窄，商品包装简单，80% 以上的商品都是食品和饮料，其价格一般要比普通超市低 30% 到 50%。分析人士认为，德国折扣连锁模式在食品涨价潮中逆市走俏的原因是多方面的。除了其"低价"优势外，折扣店品种少、规模大的采购模式使新开店成本很低。

22.超市正在搞水果"盲盒"促销,可供选择的水果共有猕猴桃、杧果、西瓜、苹果、车厘子和香蕉六个品种。促销期间的水果"盲盒"必须有两种以上的水果组成，同时满足以下条件：

（1）如果有香蕉，则不能有西瓜；

（2）如果有杧果，则不能有西瓜；

（3）如果有车厘子，则必须有西瓜并且西瓜的数量必须和车厘子一样多；

（4）如果有苹果，则必须有杧果，并且杧果的数量必须是苹果的两倍；

（5）如果有香蕉,则香蕉的数量必须大于所选择的其他水果的数量的总和。

现在有四根香蕉,如何选择其他水果才能配置成符合要求的水果"盲盒"？请写出推理过程。

综合练习题（四）

一、单项选择题

1. "我是中国人"和"改革开放使中国人摆脱贫穷"这两个命题中的"中国人"（　　）

A. 都是集合概念

B. 都是非集合概念

C. 前者是集合概念，后者是非集合概念

D. 前者是非集合概念，后者是集合概念

2. 与"学生：军训：体能"作类比，下面正确的是（　　）

A. 制度：改变：和谐
B. 农民：增产：粮食

C. 干群：发展：国家
D. 患者：治疗：健康

3. 投射作用是指个人将自己不喜欢或不被社会所接收的冲动欲望、思想观念、性格特点等转嫁到他人身上，认为他人也有同样的特质。

根据上述定义，下列属于投射作用的是（　　）

A. 吃不到葡萄说葡萄酸
B. 爱屋及乌

C. 以小人之心度君子之腹
D. 推己及人

4. "因为 aRb 并且 bRc，所以 aR̄c。"这一推理式是（　　）

A. 对称关系推理
B. 反对称关系推理

C. 传递关系推理
D. 反传递关系推理

5. 从"这架飞机上所有乘客都是阿拉伯人"可推出以下结论，除了（　　）

A. 有阿拉伯人不是这架飞机上的乘客

B. 并非这架飞机上有乘客不是阿拉伯人

C. 并非这架飞机上所有乘客都不是阿拉伯人

D. 有阿拉伯人是这架飞机上的乘客

6. 如果所有的克里特人都说谎，并且梅拉是克里特人，则梅拉说谎。

若上述命题推出"有的克里特人不说谎"，需要加上的选项是（　　）

A. 梅拉不说谎，并且所有的克里特人都说谎

B. 梅拉不说谎，并且梅拉不是克里特人

C. 梅拉不说谎，并且梅拉是克里特人

D. 梅拉说谎，并且梅拉不是克里特人

7. 甲、乙、丙三人一起吃火锅，点餐的时候他们对服务员讲了如下的话——

甲：只吃鸭血或者不吃藕片。

乙：只有不吃海带，才能吃鸭血。

丙：不吃豆腐泡，除非吃藕片。

按照甲、乙、丙三人的要求，下列一定不符合客人要求的菜品组合是（　　　　）

A. 有鸭血和豆腐泡　　　　　　B. 有海带，没有藕片

C. 有豆腐泡，没有海带　　　　D. 有海带和豆腐泡

8. 某市一项对健身爱好者的调查表明，那些称自己每周固定进行二至三次健身锻炼的人近两年来由 28% 增加到 35%，而对该市大多数健身房的调查则显示，近两年去健身房的人数明显下降。

以下各项，如果为真，都有助于解释上述看来矛盾的断定，除了（　　　　）

A. 进行健身锻炼没什么规律的人在数量上明显减少

B. 由于简易健身的出现，家庭健身活动成为可能并逐渐流行

C. 为了吸引更多的顾客，该市健身房普遍调低了营业价格

D. 受调查的健身锻炼爱好者只占全市健身锻炼爱好者的 10%

9. 出台一项改革措施，先进行试点，积累经验后再推广，这种以点带面的工作方法是人们经常采用的。但现在许多项目中出现了"一试点就成功，一推广就失败"的怪现象。

以下哪项不是造成上述现象的可能原因？（　　　　）

A. 在选择试点单位时，一般选择比较好的单位

B. 为保证试点成功，政府往往给予试点单位许多优惠政策

C. 在试点过程中，领导往往比较重视，各方面的问题解决得快

D. 全社会往往比较关注试点

10. 正是因为有了充足的奶制品作为食物来源，生活在呼伦贝尔大草原的牧民才能摄入足够的钙质。很明显，这种足够的钙质，对呼伦贝尔大草原的牧民拥有健壮的体魄是必不可少的。

以下最能削弱上述断定的是（　　　）

A.有的呼伦贝尔大草原的牧民不具有健壮的体魄，但从食物中摄入的钙质并不少

B.有的呼伦贝尔大草原的牧民不具有健壮的体魄，他们从食物中不能摄入足够的钙质

C.有的呼伦贝尔大草原的牧民有健壮的体魄，但没有充足的奶制品作为食物来源

D.有的呼伦贝尔大草原的牧民没有健壮的体魄，但有充足的奶制品作为食物来源

二、多项选择题

11.下列概念的概括或限制，正确的有（　　　）

A."或然性推理"限制为"归纳推理"　　B."电视机"概括为"劳动产品"

C."命题"限制为"概念"　　　　　　　D."善良"概括为"品质"

E."颜色"限制为"非红色"

12.下列概念的划分，正确的有（　　　）

A.文学作品包括小说、诗歌、散文、戏剧、音乐、雕塑

B.香料分为人工香料和天然香料

C.句子可分为主语、谓语、宾语、定语、状语和补语

D.城市可分为小城市、大城市与直辖市

E.干部可分为党员干部与非党员干部

13.下列断定中，违反矛盾律的有（　　　）

A.SAP $\wedge$ SEP　　　　　　B.SIP $\wedge$ SOP　　　　　　C.p $\wedge$ $\overline{p}$

D.$\overline{SAP}$ $\wedge$ $\overline{SEP}$　　　　　　E.SAP $\wedge$ SIP

14.下列推理有效的有（　　　）

A.他是非党员，所以他不是党员

B.团员是青年，所以，青年是团员

C.没有一个人赞成这个主意，所以，有人不赞成这个主意

D.有的干部不是党员，所以，有的党员不是干部

E.早晨在公园里锻炼的有的是退休职工，所以，有的退休职工早晨在公

园里锻炼

15. 海拔越高，空气越稀薄。因为西宁的海拔高于西安，因此，西宁的空气比西安稀薄。

与上述推理具有类似结构的是（　　　）

A. 一个人的年龄越大，他就变得越成熟。老张的年龄比他的儿子大，因此，老张比他的儿子成熟

B. 年头越长，年轮越多。老张院子中槐树的年头比老李家的槐树年头长，因此，老张家的槐树比老李家的年轮多

C. 今年马拉松冠军的成绩比前年好，张华是今年的马拉松冠军，因此，他今年的马拉松成绩比前年冠军的成绩要好

D. 在激烈竞争的市场上，产品质量越高并且广告投入越多，产品需要就越大。甲公司投入的广告费比乙公司的多，因此，对甲公司产品的需求量比对乙公司的需求量大

E. 一种语言的词汇越大，越难学。英语比意大利语难学，因此，英语的词汇量比意大利语大

三、图表题

16. 用欧拉图表示以下标有横线的概念之间的关系。

《人世间》（a）是著名作家梁晓声先生（b）的长篇小说，经导演李路（c）改编执导制作成电视剧后，创下央视一套（d）黄金档电视剧收视率近八年新高。

17. 用真值表方法判定下列两个命题是否等值。

A. 并非：如果背熟了逻辑规则，就能解决逻辑问题。

B. 背熟了逻辑规则，但不能解决逻辑问题。

四、综合题

18. 从"不劳动者不得食"，能推出"得食者"怎样？请构造直言命题变形推理进行证明。

19. 运用有关规则，判定下列命题推理是否有效。

只有热爱本职工作的人，才能成为先进工作者；他们是先进工作者，所以，他们是热爱本职工作的人。

20. 指出下述案例使用了何种探求因果联系的逻辑方法，并写出其逻辑结构。

在 19 世纪 80 年代以前，许多科学家认为，有机体只需要蛋白质和数量不多的各种盐类；1880 年，俄国医生鲁宁对上述观点表示质疑，他做了一个实验：把实验老鼠分成两组，一组用人造乳喂养，这种人造乳由纯化的物质——蛋白质、脂肪、干酪素、糖和盐类制成；另一组用自然乳喂养。结果第一组老鼠体质瘦弱甚至生病死亡；另一组则长得很健壮。鲁宁由此做出结论：自然食物中有一种动物生存必需的未知物质，喂养人造乳的老鼠正是因为缺少这种物质而体弱甚至死亡。经过进一步实验，人们终于得知这种物质就是维生素。

21. 试分析：如同时肯定下列三个命题，是否违反逻辑基本规律？

（1）如果餐前吃甜点，那么餐后不吃水果。

（2）餐前吃甜点；

（3）餐后吃水果。

22. 公共管理学院同一宿舍的小明、小丽、小红、小华和小丹五位同学即将毕业，这五位同学对于毕业后的规划包括考研、就业及自主创业三种选择。其中，每位同学只有一种选择，且遵循以下条件：

（1）小明、小丽和小红这 3 位同学的毕业规划互不相同；

（2）恰好有两位同学选择就业；

（3）小华和小红选择了不同的毕业规划；

（4）小丽和小华的毕业规划不同；

（5）小明和小丹中的某一位选择考研时，另一位同学也选择考研。

（6）如果小明选择创业，小红选择考研。

已知小丹选择就业，请问其他同学的可能选择是什么？请写出推理过程。

综合练习题（五）

一、单项选择题

1. "p∨q"与"r∨s"这两种逻辑形式，它们的变项和常项（　　　）

A. 变项和常项都相同　　　　　　　B. 变项不同但常项相同

C. 常项不同但变项相同　　　　　　D. 变项和常项都不同

2. 在集合意义下使用语词"人"的是（　　　）

A. 人是由猿变来的　　　　　　　　B. 人是有思维能力的

C. 人贵有自知之明　　　　　　　　D. 人非圣贤，孰能无过

3. 与"李白：《将进酒》"作类比，下面正确的是（　　　）

A. 田汉：《解放军进行曲》　　　　B. 刘海粟：《向日葵》

C. 曹雪芹：《红楼梦》　　　　　　D. 王羲之：《本草纲目》

4. 就业平等权：指公民不论其民族、种族、性别、宗教信仰、家庭背景等的不同和差异，均享有平等获得就业机会的权利。

根据上述定义，下列没有侵犯求职者的就业平等权的是（　　　）

A. 女大学生小刘，本科学历，在几次应聘中，都因为是女性而落聘

B. 某公司招聘时，明确规定本公司员工的亲属比其他应聘者优先录用

C. 小李的父亲是某县政府领导，在该县事业单位公开招聘中，小李未和其他应聘者一样参加考试，就直接被录用了

D. 某食品加工厂在招聘员工过程中，以食品安全为由，拒绝录用一名乙肝患者

5. 和"并非:他或者不爱打篮球,或者不爱打排球"相等值的命题是（　　　）

A. 他既不爱打篮球，也不爱打排球

B. 他既爱打篮球，又爱打排球

C. 他或者爱打篮球，或者爱打排球

D. 并非：如果他不爱打篮球，那么就不爱打排球

6. 某镇有8个村，其中赵村所有的人都是在白天祭祀祖先，李庄所有的人都是在晚上祭祀祖先，现在我们知道李明是晚上祭祀祖先的人。由此，可以

推断（　　　）

    A.李明一定是赵村的人　　　　　　B.李明一定不是赵村的人

    C.李明一定是李庄的人　　　　　　D.李明一定不是李庄的人

7.某私立大学准备分批送教师去国外培训。有人提出反对意见，因为这需要一大笔培训经费，会减少学校收入，削弱学校的竞争力。

以下最能削弱反对者意见的是（　　　）

A.学校的资金比较宽裕，完全可以支付这笔培训经费

B.教师送到国外培训，可以使学校有更好的声誉

C.教师具有较高的水平，可以吸引更多的学生，从而增加学校收入

D.教师到国外培训后，会以对某私立大学感激的心情努力工作

8.某足球教练这样教导他的队员："足球比赛从来是以结果论英雄。在足球比赛中，你不是赢家就是输家；在球迷的眼里，你要么是勇敢者，要么是懦弱者。由于所有的赢家在球迷眼里都是勇敢者，所有每个输家在球迷眼里都是懦弱者。"

为使上述足球教练的论证成立，以下必须假设的是（　　　）

A.在球迷们看来，球场上勇敢者必胜

B.球迷具有区分勇敢和懦弱的准确判断力

C.球迷眼中的勇敢者，不一定是真正的勇敢者

D.即使在球场上，输赢也不是区别勇敢者和懦弱者的唯一标准

9.当人们的婚姻状况陷入危机的时候，对感情的过分焦虑就会使他们和靠近他们的人不快乐，如家人、朋友、同事。除非他们的婚姻状况得到扭转，否则他们以及他们周围的人不会快乐。

如果上述命题都是真的，以下可以合乎逻辑地推出的是（　　　）

A.令人担心的婚姻问题得到解决后，就会使人快乐

B.那些没有严重婚姻问题的人是快乐的

C.如果一个人不快乐，那么他肯定不会有严重的婚姻危机

D.如果一个人是快乐的，那么他肯定不会有严重的婚姻危机

10.航天局认为优秀航天员应具备三个条件：第一，丰富的知识；第二，熟练的技术；第三，坚强的意志。现在至少符合条件之一的甲、乙、丙、丁四

位优秀飞行员报名参选，已知：①甲、乙意志坚强程度相同；②乙、丙知识水平相当；③丙、丁并非都是知识丰富；④四人中三人知识丰富，两人意志坚强，一人技术熟练。航天局经过考察，发现其中只有一人完全符合优秀航天员的全部条件。他是（　　　）。

A. 甲　　　　　　　　B. 乙　　　　　　　　C. 丙　　　　　　　　D. 丁

二、多项选择题

11. 下列概念的连续概括或连续限制，正确的有（　　　）

A. 社会主义国家——中国——江西　　　B. 规律——价值规律——经济规律

C. 学校——高等院校——综合性大学　　D. 树——树枝——树叶

E. 中国最大的城市——中国北方最大的城市——北京

12. 下列概念的划分，正确的有（　　　）

A. 初级中学分为一年级、二年级、三年级

B. 国家可分为社会主义国家、资本主义国家、发展中国家、经济发达国家

C. 中国的直辖市有北京、上海、天津、重庆四座

D. 人可分为成年人和未成年人

E. 一年可分为春、夏、秋、冬四季

13. 下列断定中，违反排中律的有（　　　）

A. SAP $\wedge$ SEP　　　　　　　B. SIP $\wedge$ SOP　　　　　　　C. $p \wedge \bar{p}$

D. $\overline{SAP} \wedge \overline{SEP}$　　　　　　　E. SAP $\wedge$ SIP

14. 下列推理形式中的有效式包括（　　　）

A. $((p \vee \bar{q}) \wedge \bar{q}) \rightarrow p$　　　　　　B. $((p \vee \bar{q}) \wedge \bar{q}) \rightarrow \bar{p}$

C. $((p \vee \bar{q}) \wedge q) \rightarrow p$　　　　　　D. $((\bar{p} \rightarrow q) \wedge \bar{q}) \rightarrow p$

E. $((\bar{p} \leftarrow q) \wedge p) \rightarrow \bar{q}$

15. 北方人的个头通常比南方人高，小林在班上最高，因此，他一定是北方人。

与上述推理具有类似结构的是（　　　）

A. 如果父母对孩子的教育得当，则孩子在学校的表现一般都较好，由于王征在学校的表现不好，因此他的家长一定教育失当

B. 儿童的心理教育比成年人更重要，张青是某公司心理素质最好的人，

因此，他一定在儿童时获得良好的心理教育

C. 城东镇有一中和二中两所中学，一中学生的学习成绩一般比二中的学生好，由于来自城东镇的小乐在大学一年级的学习成绩是全班最好的，因此，他一定是城东镇二中毕业的

D. 一种语言的词汇越大，越难学。英语比意大利语难学，因此，英语的词汇量比意大利语大

E. 通常认为左撇子比右撇子更聪明，小芳是班上最聪明的学生。因此，小芳一定是左撇子

三、图表题

16. 用欧拉图表示以下标有横线的概念之间的关系。

小王（a）是一位外科医生（b），在2021年度被评为先进工作者（c），同时他爱好广泛，尤其喜欢篮球运动，是名副其实的体育爱好者（d）。

17. 用真值表方法判定下列两个命题是否等值。

A. 并非：如果是听话的孩子，就是有出息的孩子。

B. 只有不听话的孩子，才是有出息的孩子。

四、综合题

18. 由"优秀的学生干部都是热心为同学服务的"能否推出"不热心为同学服务的是不优秀的学生干部"。请构造直言命题变形推理进行证明。

19. 运用有关规则，判定下列命题推理是否有效。

如果新产品打开了销路，那么本企业今年就能实现转亏为盈；而只有引进新的生产线或者对现有设备进行有效的改造，新产品才能打开销路。遗憾的是，本企业今年没能实现转亏为盈。所以，本企业没有引进新的生产线。

20. 分析下列论证的结构，指出其论题、论据和探求因果联系的方式。

某公司一项对员工工作效率的调查测试显示，办公室中白领人员的平均工作效率和室内气温有直接关系。夏季，当气温高于30℃时，无法达到完成最低工作指标的平均效率；而在此温度线之下，气温越低，平均效率越高，只要不低于22℃。冬季，当气温低于5℃时，无法达到完成最低工作指标的平均效率；而在此温度线之上，气温越高，平均效率越高，只要不高于15℃。

21.试运用三段论的基本规则证明，第四格如果前提有一否定命题，那么大前提必须是全称命题。

22.学术委员会通常根据论文选题、论文结构及论文观点这三个标准来评定毕业论文，经评定后，小明、小华、小林、小丽和小花五位同学各自撰写的五篇论文满足以下条件：

（1）这五篇论文中的任何两篇在这三个标准中的每一项上所获得的排名都不相同；

（2）在论文选题这一项上，小花排名第三，小丽排名第四；

（3）在论文结构这一项上，小华排名第二，小林排名第三，小明排名第四；

（4）在论文观点这一项上，小花的排名比小明靠前，小华排名第四，小丽排名第五；

（5）小林在论文选题这项所获得的排名比在论文观点上所获得的排名靠前；

（6）小华在这三项上的排名互不相同。

已知小花在论文结构上排名第一，小林在论文观点上排名第二，请问这五篇论文各自在论文选题、论文结构及论文观点上的排名是多少。请写出推理过程。

参考答案

第一章　绪论

思维训练题

一、指出下列各段文字中"逻辑"一词的含义。

1.客观事物发展的规律。　　2.思维的规律、规则。

3.逻辑学。　　　　　　　　4.某种特殊的理论、观点或看问题的方法。

5.思维的规律、规则。

二、指出下列各段文字中具有共同逻辑形式的命题或推理,并用公式表示之。

1. S 是 P。

2. 如果 p,那么 q。

3. M 是 P,S 是 M,所以 S 是 P。

4. 或者 p,或者 q,或者 r。

5. 不但 p 和 q,还要 r。

6. M 是 P,S 是 M,所以 S 是 P。

7. 或者 p,或者 q。

8. S 是 P。

9. 如果 p,那么 q,又 p,所以 q。

10. 如果 p,那么 q,又 p,所以 q。

11. 要么 p,要么 q。

12. 要么 p,要么 q。

13. 如果 p,那么 q。

14. p 且 q。

15. 只有 p,才能 q。

巩固与拓展

一、单项选择题

1.A　　2.A　　3.B　　4.A　　5.D

二、综合分析题

略

第二章　概念

思维训练题

一、下列各段文字中括号内的语词或语句是从内涵方面，还是从外延方面来说明标有横线的概念的？

1.内涵；外延　　2.外延　　3.内涵　　　4.内涵；外延

5.内涵；内涵；外延　　　6.内涵；外延；外延

7.内涵；外延　　　　　　8.内涵；内涵

二、指出下列语句中画横线的概念是单独概念还是普遍概念？

1.单独概念；普遍概念。

2.单独概念；单独概念；普遍概念。

3.单独概念；普遍概念；普遍概念。

4.单独概念；普遍概念；普遍概念。

5.单独概念；单独概念；单独概念。

6.普遍概念；普遍概念。

三、指出下列语句中画横线的概念是集合概念还是非集合概念？

1.集合概念；非集合概念。　　2.非集合概念；集合概念。

3.集合概念；非集合概念。　　4.集合概念；非集合概念；集合概念。

5.非集合概念；非集合概念。　　6.非集合概念。

四、用欧拉图表示下列概念间的关系。

略

五、如果可能，对下列概念各作一次概括和限制。

略

六、下列语句作为定义是否正确？为什么？

1.不正确，定义过窄。　　2.不正确，定义过窄。

3.不正确，定义过窄。　　4.不正确，循环定义。

5.不正确，定义过宽。　　6.不正确，定义过宽。

7.正确。　　　　　　　8.不正确，否定定义。

七、下列语句作为划分是否正确？为什么？

1. 不正确，是分解而非划分。   2. 不正确，混淆标准。

3. 不正确，是分解而非划分。   4. 不正确，是分解而非划分。

5. 正确。   6. 不正确，划分不全。

7. 不正确，混淆标准。   8. 不正确，划分不全。

巩固与拓展

一、单项选择题

1.A   2.C   3.D   4.D   5.D   6.D   7.D   8.B   9.B   10.C   11.A   12.A   13.D   14.A   15.C

二、综合分析题

1. 知识要点：概念的概括与限制。

2. 知识要点：集合概念与非集合概念的区别。

3. 知识要点：概念的内涵与外延。

第三章　简单命题及其推理

思维训练题

一、下列语句是否表达命题？为什么？

1. 表达命题。   2. 表达命题。   3. 表达命题。   4. 不表达命题。

5. 不表达命题。   6. 不表达命题。   7. 表达命题。   8. 表达命题。

二、下列句子表达的是哪种类型的直言命题？请写出其逻辑形式。

1. 全称否定命题，SEP。   2. 特称肯定命题，SIP。

3. 全称肯定命题，SAP。   4. 特称否定命题，SOP。

5. 全称肯定命题，SAP。   6. 全称肯定命题，SAP。

7. 特称否定命题，SOP。   8. 特称肯定命题，SIP。

三、指出下列直言命题的主谓项周延情况。

1. 主项周延，谓项不周延。   2. 主项周延，谓项周延。

3. 主项周延，谓项不周延。   4. 主项周延，谓项周延。

5. 主项不周延，谓项周延。　　6. 主项周延，谓项不周延。

7. 主项周延，谓项不周延。　　8. 主项不周延，谓项不周延。

四、根据命题的对当关系，由已知命题的真假，指出同一素材的其他命题的真假。

1. "否定命题的谓项都不是周延的"为假；"有的否定命题的谓项都是周延的"为真；"有的否定命题的谓项不是周延的"为假。

2. "所有特称命题的主项都是周延的"为假；"所有特称命题的主项都不是周延的"为真；"有些特称命题的主项不是周延的"为真。

3. "某单位职工都没有买电冰箱"，真假不定；"某单位有的职工买了电冰箱"，真假不定；"某单位有的职工没有买电冰箱"为真。

4. "所有的花都不是红色的"，真假不定；"有的花都是红色的"，真假不定；"有的花不是红色的"为真。

5. "所有的课程都是全英文授课"为假；"所有的课程都不是全英文授课"，真假不定；"有的课程是全英文授课"，真假不定。

6. "所有市民都曾去过高风险感染地区"，真假不定；"所有市民未曾去过高风险感染地区"为假；"有市民未曾去过高风险感染地区"，真假不定。

7. "某高校所有学生都没有参加过社团活动"，真假不定；"某高校有学生参加过社团活动"为真假不定；"某高校有学生没有参加过社团活动"为真。

8. "所有的手机是智慧型手机"，真假不定；"所有的手机不是智慧型手机"为假；"有的手机不是智慧型手机"，真假不定。

五、对下列命题进行换质，并用公式表示推导过程。

1. 有些同学不是非党员。　　$SI\overline{P} \rightarrow SO\overline{\overline{P}}$

2. 所有的同学考试都没有不及格。　　$SAP \rightarrow SE\overline{P}$

3. 有些经济合同是非法的。　　$SOP \rightarrow SI\overline{P}$

4. 所有的经济规律都不是非客观的。　　$SAP \rightarrow SE\overline{P}$

5. 有些花是非红色的。　　$SOP \rightarrow SI\overline{P}$

6. 所有的困难都是可以克服的。　　$SE\overline{P} \rightarrow SAP$

7. 有些战争不是正义的。　　$SI\overline{P} \rightarrow SOP$

8. 所有真理都不是非客观的。　　$SAP \rightarrow SE\overline{P}$

六、下列命题能否换位？如能换位，请用公式表示推导过程；如不能，请说明理由。

1. 有些有价值和使用价值的是商品。　$SAP \rightarrow PIS$

2. 不能换位，O 命题

3. 有些不出售的是工艺品。　$SIP \rightarrow PIS$

4. 不能换位，O 命题

5. 有些卵生动物是鱼类。　$SIP \rightarrow PIS$

6. 有些中国制造的是手机。　$SIP \rightarrow PIS$

7. 有些周延的是否定命题的谓项。　$SAP \rightarrow PIS$

8. 不能换位，O 命题

七、下列命题能否换质位和换位质？如能，请用公式表示推导过程；如不能，请说明理由。

略

八、下列命题能否由命题变形直接推理得出？如能，请用公式表示推导过程；如不能，请说明理由。

1. 能推出。令"党员"为 S，"交纳党费"为 P，$\overline{S}EP \rightarrow PE\overline{S} \rightarrow PA\overline{S} \rightarrow SIP$

2. 能推出。令"蚂蚁"为 S，"团队协作"为 P，$SAP \rightarrow PIS \rightarrow SI\overline{P} \rightarrow SO\overline{P}$

3. 不能推出。

4. 能推出。令"生物"为 S，"有性繁殖"为 P，$SOP \rightarrow SI\overline{P} \rightarrow \overline{P}IS \rightarrow \overline{P}O\overline{S}$

5. 能推出。令"汉语国家的学生"为 S，"通过普通话测试"为 P，$\overline{S}A\overline{P} \rightarrow \overline{S}E\overline{P} \rightarrow \overline{P}E\overline{S} \rightarrow \overline{P}A\overline{S} \rightarrow SI\overline{P} \rightarrow SOP$

6. 能推出。令"木本植物"为 S，"乔木"为 P，$SIP \rightarrow PIS \rightarrow PO\overline{S}$

7. 能推出。令"农村人口"为 S，"吃商品粮"为 P，$SEP \rightarrow SA\overline{P} \rightarrow \overline{P}IS \rightarrow \overline{P}O\overline{S}$

8. 不能推出。

九、下列根据对当关系所进行的推理是否正确？为什么？

1. 不正确　　2. 正确　　3. 不正确　4. 正确　　5. 正确　　6. 不正确

7. 正确　　8. 正确

十、下列三段论是否正确？如不正确，违反了什么原则？

1. 不正确，"四项错误"。　　2. 不正确，"中项两次不周延"。

3. 正确。　　　　　　　　4. 不正确，"大项不当周延"。

5. 正确。　　　　　　　　6. 不正确，"中项两次不周延"。

7. 不正确，"中项两次不周延"。　　8. 不正确，"大项不当周延"。

十一、在下列括号内填上适当的符号，使之构成三段论有效式。

1. A、A　2. A、E　3. A、I　4. I、O　5. A　6. I、O　7. A、I　8. A、O

十二、把下列三段论省略式恢复成完整式，并指出它是否正确。

略

十三、运用三段论的有关知识，回答下列问题。

1. 答题要点：如果三段论结论是全称，根据规则"前提中不周延的项在结论中不得周延"，所以小项 S 在前提中周延，则小前提为 E 命题，根据规则"前提中有一否定结论必否定"，所以结论为全称否定命题 E 命题，故大小前提均为否定，无法得出结论。

2. 答题要点：两个前提中只有大前提中有一个词项周延，那么周延的项一定是中项，故大前提为 MAP。

3. 答题要点：大项 P 在结论中周延，小项 S 在结论中不周延，故结论为 SOP，大前提为 PAM，小前提为 SOM，此三段论为 AOO 式。

4. 答题要点：结论为否定，大项 P 周延，大项在前提中必须周延，I 命题的主项和谓项均不周延，故大前提不能是 I 命题。

5. 答题要点：不能推出"有 B 不是 C"，C 在前提中不周延；可以推出"有 C 不是 B"。

6. 答题要点：大前提为 O 命题，结论必然为 SOP，故大前提为 MOP，小前提为 A 命题，中项至少周延一次，小前提为 MAS，故该三段论为第三格，OAO 式。

十四、证明题。

1. 答题要点：大前提为特称，小前提为全称；若小前提为否定，则结论为特称否定命题 SOP，P 在前提中需周延，故大前提为 MOP，大小前提均为否定，得不出结论，故小前提不能为否定，即小前提必须是全称肯定。

2. 答题要点：三段论结论为全称否定命题，即 SEP，S 和 P 在前提中均需周延,且大小前提一个为肯定,另一个为否定,又中项至少要周延一次,所以,大小前提均需为全称。

3.答题要点:反证法,假设小前提为否定,那么结论否定,大项 P 周延,大前提为否定,又两否定前提得不出结论,故原假设不成立,小前提必须肯定。

4.答题要点:结论为特称否定命题,即 SOP,根据规则,大前提必须为否定,即小前提为肯定命题,中项需在大前提中周延,故大前提为全称,综上,大前提为全称否定命题。

5.答题要点:大项在结论中不周延,故结论为肯定命题 SAP,由此,大小前提均为肯定命题,又根据大项在前提中周延,故大前提为 PAM,由规则,中项至少要周延一次,故小前提为 MAS,所以,该三段论大小前提和结论分别为 PAM、MAS、SAP。该三段论为第四格,AAA 式。

6.答题要点:由小前提为全称否定命题,大前提需为肯定命题,且结论为否定命题,大项 P 周延;若大前提为特称肯定命题,大项 P 无法周延,故原假设不成立,即大前提必须为全称肯定命题。

7.答题要点:"精通声乐"为 P,"精通钢琴"为 M,"精通笛子"为 S,即 PAM、MES、SIP。若 PAM 和 MES 为真,根据三段论规则,可得结论 SEP,根据对当关系,SEP 和 SIP 为矛盾关系,故 SIP 为假。

巩固与拓展

一、单项选择题

1.A 2.D 3.D 4. D 5. A 6. D 7. B 8.A 9.C
10.B 11.A 12.B 13.C 14.D 15.B

二、综合分析题

1.答题要点:此题主要围绕"该来的不来"是否可推出"不该来的来了"、"不该走的走啦"是否可推出"该走的没有走"这两个推理的合理性展开。运用换质换位综合法可知,"该来的不来"可推出"有些不该来的来了"、"不该走的走啦"可推出"有些该走的没有走",因此客人被气走从语义上看有一定的合理性。

2.答题要点:此骗局主要运用三段论推理。父母双方都是 O 型血的其子女只能是 O 型血,王三的父母双方都是 O 型血,所以王三必然是 O 型血;王三和李红都是 O 型血,其儿子必然为 O 型血。新来的少年不是 O 型血,所以新来的少年不是王三和李红的亲生子。

第四章　关系命题、模态命题及其推理

思维训练题

一、从对称性和传递性两方面角分析下列关系命题中的关系项各表示了何种关系。

1.反对称关系；反传递关系。　　　2.非对称关系；非传递关系。

3.反对称关系；传递关系。　　　4.非对称关系；非传递关系。

5.反对称关系；传递关系。　　　6.对称关系；非传递关系。

7.反对称关系；传递关系。　　　8.非对称关系；非传递关系。

二、下列推理是哪种关系推理？是否有效？为什么？

1.传递关系推理；无效，小李家离小王家应为 600 米。

2.对称关系推理；有效。

3.传递关系推理；有效。

4.传递关系推理；无效，乙有可能不认识甲。

5.传递关系推理；无效，A 不一定也相信 C。

6.混合关系推理；有效。

7.混合关系推理；无效，前提中的性质命题不是肯定命题。

8.传递关系推理；无效，甲和丙有可能不是朋友。

三、下列四组模态命题，已知每组第一个命题为真，请指出其他三个命题的真假。

1.假、假、真。　　2.不定、假、假。　　3.假、真、假。　　4.假、假、真。

四、下列各组命题是否等值？为什么？

1.等值，由矛盾关系推导得出。　　2.不等值，由下反对关系推导得出。

3.等值，由矛盾关系推导得出。　　4.不等值，由下反对关系推导得出。

巩固与拓展

一、选择题

1.B　2.A　3.D　4.C　5.D　6.D　7.D　8.D　9.A

二、综合分析题

略

第五章　复合命题及其推理

思维训练题

一、下列命题属于哪一种类型的复合命题？请用逻辑符号表示之。

1. 联言命题，$p \wedge q$。　　　　　　2. 联言命题，$p \wedge q$。

3. 相容选言命题，$p \vee q \vee r$。　　　4. 必要条件假言命题，$p \leftarrow q$。

5. 充分条件假言命题，$p \rightarrow q$。　　6. 相容选言命题，$p \vee q \vee r$。

7. 不相容选言命题，$(p \wedge q) \veebar (\bar{p} \wedge \bar{q})$。

8. 不相容选言命题，$p \veebar q$。

9. 必要条件假言命题 $p \leftarrow q$。　　10. 必要条件假言命题，$p \leftarrow q$。

二、指出下列各题中，A 是 B 的什么条件。

1. 充分条件。　　2. 必要条件。　　3. 必要条件。　　4. 必要条件。

5. 必要条件。　　6. 充要条件。　　7. 充分条件。　　8. 必要条件。

9. 不构成条件关系。　　10. 必要条件。

三、写出下列命题的负命题及与负命题等值的命题，并用公式表示其形式。

1. "并非：小王与小张都是南昌人"，即小王不是南昌人或小张不是南昌人，$\overline{p \wedge q} \longleftrightarrow (\bar{p} \vee \bar{q})$。

2. 并非鸡蛋都是圆的，即有的鸡蛋不是圆的，$\overline{SAP} \longleftrightarrow SOP$。

3. "并非：你要么喝茶，要么喝咖啡"，即或者你同时喝茶和咖啡，或者两个都不喝，$\overline{p \veebar q} \longleftrightarrow (p \wedge q) \vee (\bar{p} \wedge \bar{q})$。

4. "并非：如果你学习不用功,那么你的智商高"，即学习不用功且智商不高，$\overline{p \rightarrow q} \longleftrightarrow (p \wedge \bar{q})$。

5. "并非：只有多补钙，才能长得高"，即不补钙也能长得高，$\overline{p \leftarrow q} \longleftrightarrow (\bar{p} \wedge q)$。

6. "并非：小王和小张两人中至少有一人是凶手"，即小王不是凶手且小张也不是凶手，$\overline{p \vee q} \longleftrightarrow (\bar{p} \wedge \bar{q})$。

7. 并非这次旅行充实而愉快，即这次旅行或者不充实或者不愉快，$\overline{p \wedge q}$

$\longleftrightarrow (\bar{p} \vee \bar{q})$。

8．"并非：如果不搞好教学改革，就无法提高教学质量"，即不搞好教学改革也能提高教学质量，$\overline{p \to \bar{q}} \longleftrightarrow (p \wedge \bar{q})$。

9．并非食堂不能"堂食"，即有的食堂不能"堂食"，$\overline{SAP} \longleftrightarrow SOP$。

10．"并非：或者 A 是诗人，或者 A 是作家"，即 A 不是诗人也不是作家，$\overline{p \vee q} \longleftrightarrow (\bar{p} \wedge \bar{q})$。

四、请根据复合命题的逻辑性质，解下列各题。

1．非 p 为假；p 并且 q 为假；p 或者 q 为真。

2．p 应为真。

3．p → q 为真；p ← q 为假；p $\veebar$ q 为真。

4．该式为假值。

5．p 应取假值。

6．不是，相容选言命题其选言支有一个为真即可。

五、运用真值表方法，判定下列命题是否等值。

1．不等值。　　2．不等值。　　3．等值。　　　4．等值。

5．等值。　　　6．不等值。　　7．不等值。　　8．不等值。

六、请运用联言推理的有关知识，回答下列问题。

1．推理正确。

2．推理正确。

3．三张牌依次为♥ K、♥ A、◆ A。

七、请运用选言推理的有关知识，回答下列问题。

1．加上前提"这个推理形式不正确"，得不出结论；加上前提"这个推理不是形式不正确"，可得结论"这个推理前提不真实"。

2．小李在清华学计算机，小方在复旦学哲学，小王在北大学中文。

八、请运用假言推理的有关知识，回答下列问题。

1．加上前提"这个数不能被 9 整除"，得不出结论；加上前提"这个数不能被 3 整除"，能得结论"这个数不能被 9 整除"。

2．加上前提"没有采用新工艺"，能得结论"不能提高劳动生产率"；加上前提"提高了劳动生产率"，得不出结论。

3.加上前提"劳动产品进行了交换",能得结论"该劳动产品为商品";加上前提"它是商品",能得结论"该劳动产品进行了交换"。

九、请运用二难推理的有关知识,回答下列问题。

1.该推理为简单破坏式二难推理。

2.无论李海、李滨谁说真话,谁说假话,老王得到的答案一定是错误的答案,故只要与原内容相反即可。

3.如果我考大学,我不会生病,因为在学习中我能成长;如果我不考大学,我也不会生病,因为我相对可以减轻考试压力。总之,考不考大学我都不会生病。

十、综合运用演绎推理的有关知识,回答下列问题。

1.如果打开 1 号阀,同时要打开 2 号和 3 号阀门(过程略)。

2.B 和 D 中至少有一人值班(过程略)。

3.说真话的是乙和丙,作案的是丁(过程略)。

4.周教官说得一定不对,从而推出结论班长和体育委员的成绩都不优秀(过程略)。

5.出席发布会的是丹丹、阳阳和慧慧(过程略)。

6.甲的车为红色、乙的车为银色、丙的车为白色、丁的车为蓝色(过程略)。

7.王小红背橙色包、叶小白背红色包、徐小橙背白色包(过程略)。

8.由假言联言推理和负命题推理可说明之(过程略)。

9.小周不学日语、小陈学日语、小刘不学日语(过程略)。

10.第三句话是真的,S 与 P 在外延上是全异关系(过程略)。

巩固与拓展

一、单项选择题

1.A　2.C　3.B　4.D　5.B　6.D　7.C　8.D　9.D　10.A　11.A　12.D　13.B　14.D　15.D　16.C　17.A　18.D　19.D　20.B　21.A　22.A　23.C　24.D　25.A　26.D　27.B　28.D

二、综合分析题

1.(1)充分条件假言推理的肯定前件式

通常情况下人在墙壁上写字时,会写在和视线相平行的地方;

现在壁上的字迹离地刚好六尺;

所以这个人身高差不多六尺。

（2）充分条件假言推理的肯定前件式

如果一个人能够不费力地一步跨过四尺半，他决不会是一个老头子；

穿方头靴子的人是一步迈过去的；

所以穿方头靴子的人不是老头，故年龄不大。

（3）充分条件假言推理的否定后件式

如果这个人指甲修剪过，写字时不会有粉被刮下来；

有粉被刮下来；

所以这个人的指甲没有修剪过。

（4）必要条件假言推理的否定后件式

只有印度雪茄的烟灰，颜色很深且呈片状；

地板上有一些颜色很深且呈片状的烟灰；

所以这个人抽印度雪茄。

2. 简单构成式二难推理

如果被告的脸面对草堆，月光只能照到被告的后脑，被告脸上不可能照到月光的，即证人无法从二三十米以外看清被告的脸；

如果被告脸朝西，月光可以照到脸上，但证人在大树东边的草堆后面，那么证人也根本不可能看到被告的脸；

被告的脸或是面对草堆，或是朝西；

证人都不可能看到被告的脸。

3.（1）联言推理的合成式

做疫情流调要有医学方面专业知识；

做疫情流调涉及人文学、社会学、心理学等专业；

所以，疫情流调是一个综合性学科。

（2）充分条件假言连锁推理的肯定前件式

如果流调不彻底或不准确，就会导致病毒突围；

如果病毒突围，疫情将再次蔓延；

A市流调不彻底；

所以，A市疫情再次蔓延。

第六章 逻辑思维的基本规律

思维训练题

一、下列各题是否违反逻辑思维基本规律的要求？为什么？

1. 不违反。　　　　　　2. 违反矛盾律。　　　　3. 不违反。

4. 违反排中律。　　　　5. 违反同一律。　　　　6. 不违反。

7. 违反排中律。　　　　8. 违反排中律。　　　　9. 违反矛盾律。

10. 违反矛盾律。　　　　11. 违反矛盾律。　　　　12. 违反矛盾律。

二、根据逻辑思维基本规律的知识，分析下列议论有无逻辑错误。

1. 老赵的说法违反同一律，偷换概念"实践"。

2. 小朋友的话违反同一律，他混淆了论题"贴邮票的意义"。

3. 乙的话违反矛盾律，他的话总结起来就是：确信没有信念之类的东西。

4. 工作人员的回答违反同一律，犯了转移论题的错误。

5. 某老师的话违反了充足理由律的要求，犯了推不出的逻辑错误。

6. 甲的话违反同一律的要求，犯了偷换概念的逻辑错误。

7. 甲没有违背约定。

8. 违反了同一律，将个人间的比较偷换为个人父亲间、个人儿子间的比较。

9. 违反了同一律，偷换概念。

10. 违反了同一律，偷换论题。

11. 违反了矛盾律，本人提出不参加作战飞行与本人患有精神病矛盾。

12. 违反了充足理由律，推不出。

三、运用逻辑基本规律的知识，分析下列问题。

1. 甲的话不合逻辑。

2. "理发师悖论"。

3. 第一名是 2 号运动员，第二名是 4 号运动员，第三名是 1 号运动员，第四名是 3 号运动员。

4. 校长的意见违反了矛盾律。

5. B 预测错误，四位同学都及格。

6. 看似有分歧，但用整体和部分的关系加以解释后则均可梳理通顺。

7.这家公司的招聘信息没有不合理，王先生混淆了"人均"的概念。

8.张先生的推断不正确，违反了同一律。

9.这位改革家的改革思路不合理，违反了充足理由律，推不出。

10.B被评价为"纪律性不高"；D被评价为"英文水平高"；甲全对、丁全错。

巩固与拓展

一、单项选择题

1.A   2.B   3.C   4.A   5.D   6.D   7.A   8.C   9.C   10.D
11.C

二、综合分析题

如果妈妈对于第一个问题回答"不"，第二个问题无论是回答"是"或"不"，在逻辑上都是错误的，因此，她只好对这两个问题回答"是"。

可用逻辑式表达如下：

如果妈妈对于第一个问题回答"不"，对于第二个问题回答"是"，则产生逻辑矛盾；

如果妈妈对于第一个问题回答"不"，对于第二个问题回答"否"，则产生逻辑矛盾；

所以，妈妈不能对第一个问题回答"不"，只能回答"是"。

这是二难推理的简单破坏式。

第七章　归纳推理

思维训练题

一、下列结论是否可由完全归纳推理得出？为什么？

1.可以。

2.不可以。

3.可以，因为小说可分为长、中、短篇和微型小说等子类，这些类型的小说都是有故事情节的。

4.不可以。

5.不可以。

6. 不可以。

7. 可以。

8. 可以由完全归纳推理得出结论，因为三角形分为直角三角形、锐角三角形和钝角三角形三个子类，它们的内角和都是 180 度。

9. 不可以。

10. 不可以。

二、下列推理属于何种形式的归纳推理？请写出它们的逻辑结构式。

1. 不完全归纳推理，结构式略。　　2. 完全归纳推理，结构式略。

3. 科学归纳法，结构式略。　　　　4. 不完全归纳简单枚举推理, 结构式略。

5. 科学归纳法，结构式略。　　　　6. 不完全归纳简单枚举推理, 结构式略。

7. 完全归纳推理，结构式略。　　　8. 不完全归纳简单枚举推理, 结构式略。

9. 科学归纳法，结构式略。　　　　10. 完全归纳简单枚举推理, 结构式略。

三、分析下列各题运用了何种探求因果联系的方法？

1. 共变法。　2. 求同法。　3. 求异法。　4. 求同求异并用法。

5. 共变法。　6. 求同法。　7. 求异法。　8. 求同求异并用法。

9. 剩余法。　10. 共变法。

巩固与拓展

一、单项选择题

1.B　2.C　3.C　4.A　5.C　6.B　7.D　8.A　9.A　10.C

二、综合分析题

答题要点：①简单枚举法归纳推理；②贝蒂隆未能遵守"推陈出新"这一科学进步必然法则。

第八章　类比与假说

思维训练题

一、下列类比推理是否正确？为什么？

1. 正确。　2. 正确。　3. 错误。　4. 错误。　5. 错误。　6. 正确。　7. 正确。

二、根据以下材料，指出其中提出了怎样的假说？分析形成假说时所用的推理形式，并指出假说是否成立。

1.①假说的提出：大量抽取地下水是地面沉降的原因。

②验证假说：根据假言推理，如果是地下水用得多导致地面下沉，那么用水多的工业区一定比用水少的其他地区沉降得多；用水多的夏天比冬天沉得多，从而证实了这一假说的正确：用水多是地面沉降的原因。

2.①假说的提出：蝙蝠能在黑夜避开障碍物是由于它有特别强的视力。

②验证假说：运用假言推理，如果蝙蝠能在黑夜避开障碍物是由于它有特别强的视力，那么把蝙蝠的眼睛蒙上，它会撞在障碍物上，但是蝙蝠被蒙上眼睛，却没有撞在钢丝上。故假说不成立。

3.①假说的提出：逃跑的犯人还在附近。

②验证假说：运用假言连锁推理，因为根据现场，逃犯的脚镣并未去除，如果其戴镣而逃，那么他必行动迟缓，如果行动迟缓，那么他必定还在附近。假说成立。

巩固与拓展

一、单项选择题

1.C　　2.D　　3.D　　4.B　　5.D　　6.C　　7.B　　8.B　　9.B　　10.D

二、综合分析题

答题要点：（1）类比推理；（2）数据如何打通；（3）生物、金融、零售等。

第九章　论证

思维训练题

一、分析下列论证的逻辑结构，指出论题、论据和论证方式，并说明论证是否正确。

1.论题：科学无禁区。论据：如果科学有禁区，就等于承认客观世界有不许接触、不可探索、不可认识的领域，这就是一种不可知论，就是蒙昧主义。论证方式：反证法。

2.论题：教师应当受到社会的尊敬。论据：因为教师是人类文化的传递者。如果没有教师，如果教师受不到社会应有的尊敬，人类的文化知识就无法传承。

论证方式：反证法。

3.论题：文学艺术要实行民主。论据：如果没有不同意见的争论，没有自由的批评，任何科学既不能发展，也不能进步，文学艺术也不例外。论证方式：反证法。

4.论题：吸烟有害。论据：因为烟的热解产物对人体有害。烟尘颗粒中含有多种致癌物。烟中的尼古丁和一氧化碳，对心血管造成严重损害。吸烟导致肺癌、脑出血、心脏病、高血压、气管炎等疾病。吸烟使人早衰早死。怀孕妇女吸烟，影响胎儿发育。论证方式：直接论证。

5.论题：基本初等函数都是连续的。论据：角函数和反函数是连续的，幂函数是连续的，指数函数是连续的，对数函数是连续的，而角函数、反函数、幂函数、指数函数和对数函数是所有的基本初等函数。论证方式：直接归纳论证。

6.论题：对于有效三段论而言，如果一个项在结论中不周延，那么该项在前提中也不周延。论据：在有效三段论中，如果一个项在前提中不周延，那么该项在结论中不得周延。此论证犯了"循环论证"错误。

7.论题：闪婚是目前夫妻离婚的一个重要原因。论据：闪婚夫妻三年内起诉离婚的比例远远高于非闪婚。此论证犯了"推不出"错误，从论据推不出论题。

8.论题：在这个实验中，加压降温都没有达到一定限度。论据：如果有良好的仪器设备，并且加压降温都达到一定限度，那么，就能使气体液化，而现在虽有良好的仪器设备，但始终没有使气体液化。此论证犯了"推不出"错误，推理形式无效。

二、请用直接证明和间接证明方式对下列论题进行论证。

略

三、分析下列反驳的结构，指出被反驳的论题和反驳方式。

1.被反驳论题：逻辑具有阶级性；反驳方法：归谬反驳法。

2.被反驳论题：作品越高，知音越少；反驳方法：归谬反驳法。

3.被反驳论题：古文比白话文简洁；反驳方法：直接反驳法。

4.被反驳论题：准许带猎枪就是批准行猎；反驳方法：归谬反驳法。

5.被反驳论题：吃鱼可以使人聪明；反驳方法：归纳反驳法和归谬反驳法。

四、指出下列论证中的逻辑错误。

1.推不出，论据不足。

2.推不出，论据不足。

3.推不出，理由不充分。

4.转移论题。

5.推不出，论据与论题不相干。

巩固与拓展

一、单项选择题

1.B 　2.A 　3.B 　4.D 　5.C 　6.C 　7.B 　8.B

二、综合分析题

略。

综合练习题（一）

一、单项选择题

1.D 　2.C 　3.D 　4.D 　5.D 　6.C 　7.B 　8.C 　9.A 　10.C

二、多项选择题

11.CD 　12.BE 　13.BE 　14.ADE 　15.BE

三、图表题

16. 略

17.令"患有肝炎"为 p，"出现厌食"为 q，则该推理式可写作: $((p \rightarrow q) \wedge q) \rightarrow p$。

真值表如下：

p	q	$p \rightarrow q$	$(p \rightarrow q) \wedge q$	$((p \rightarrow q) \wedge q) \rightarrow p$
1	1	1	1	1
1	0	0	0	1
0	1	1	1	0
0	0	1	0	1

由真值表可知，该推理式不成立。

四、综合题

18. 令"说假话"为 S，"正派人"为 P，则原命题为 SEP。SEP →
PES → PAS̄ → S̄IP → PIS̄ → POS，POS 即"有些正派人不说假话"，故由"说
假话的都不是正派人"不能推出"有些正派的人不说真话"。

19. 令"设备故障导致飞机失事"为 p，"人为破坏导致飞机失事"为 q，
则原推理式为 $((p \lor q) \land p) \to \bar{q}$。该推理式为相容选言推理，其有效式为
否定肯定式，而该推理式为肯定否定式，故该推理无效。

20. 证明：因为小项 S 在结论中周延，故结论中的命题为全称命题，即 E
命题或 A 命题；又小项在结论中周延，根据规则三"前提中不周延的项在结
论中不得周延"，故小项 S 在小前提中周延；由该三段论为第四格，S 处于小
前提的谓项，所以小前提为否定；根据规则五"前提中有一否定结论必否定"，
所以结论为 E 命题，小前提也为 E 命题。根据规则七"前提中有一特称结论
为特称"，大前提必须为全称肯定命题。故该三段论必为 AEE 式。

21. 论题：只有坚持持续地向时代学习，才能让我们一直因成功的沟通而
获益。

论据：技术的进步与社会的发展总是相辅相成的，5G 时代与全球突发疫
情交织，更与世界百年未有之大变局同期，每个国家、每个企业和每个人的沟
通都在发生前所未有的变革。新的信息技术正在引发人类社会的新一轮革命，
5G 技术正是这种新技术的代表。放眼世界，危机仍频发、变局已开启。由 5G
带来的"高速舆情、百变舆论、海量信息、视频第一"等全新的现象集中出现，
公共关系的理论与实践都在被丰富、升级乃至改写。

论证方式：演绎论证。

22. 解：由（2）（4）若 3 位同学中的某位买了肉，则他不买菜，小牛买了菜，
根据充分条件假言推理的否定后件式，小牛不买肉；由（5）（6）知，小朱买了鱼，
没有买蛋；又由（7）小牛和小朱不买同样的食物，所以小牛不买鱼；小朱不买菜；
由（3）至少一位同学买了肉，至少有一位同学买了蛋，所以小牛买了蛋（4
分）。可列下表：

食物和人	鱼	肉	蛋	菜
小马			○	
小牛	○	○	●	●
小朱	●		○	○

根据 3 位同学中的每一人至少买一种食物，且至少有一位同学买了肉，小马买肉则可符合上述条件，则最少花费为 5×4=20 元。

食物和人	鱼	肉	蛋	菜
小马		●	○	
小牛	○	○	●	●
小朱	●		○	○

从最多花费来看：根据条件 3 位同学中的某位买了肉，则他不买菜；小马可买鱼和肉，小朱也可买肉（如下表所示），则最多花费为 5×6=30 元。

食物和人	鱼	肉	蛋	菜
小马	●	●	○	○
小牛	○	○	●	●
小朱	●	●	○	○

综上，三位同学最少可能花 20 元，最多可能花 30 元。

综合练习题（二）

一、单项选择题

1. A　2. C　3. D　4. D　5. C　6. B　7. A　8. B　9. B　10. C

二、多项选择题

11. DE　12. CE　13. ACD　14. BDE　15. BD

三、图表题

16. 略

17. 真值表如下：

p	$\overline{p}$	q	$p \rightarrow q$	$\overline{p} \vee q$	$(p \rightarrow q) \leftarrow (\overline{p} \vee q)$
1	0	1	1	1	1
1	0	0	0	0	1
0	1	1	1	1	1
0	1	0	1	1	1

由真值表可知，$(p \rightarrow q) \leftarrow (\overline{p} \vee q)$ 为永真式。

四、综合题

18. 违法同一律，转移论题。

19. 三段论推理式为：MAP

　　　　　SEM

　　　　　SEP

该三段论位于第一格，**AEE** 式。该三段论无效，违反规则"前提中不周延的项在结论中不得周延"。

20. 令"有发言权"为 p，"做了调查研究"为 q，该推理逻辑式为：$((p \rightarrow q) \wedge \overline{p}) \rightarrow \overline{q}$。该推理为充分条件假言推理，其有效式为肯定前件式和否定后件式。然而该推理为否定前件式，故该推理无效。

21. 证明：令"搞阴谋诡计的人"为 S，"野心家"为 P，则原命题为 $\overline{S}E\overline{P}$。
$\overline{S}E\overline{P} \rightarrow \overline{S}A\overline{P} \rightarrow \overline{P}I\overline{S} \rightarrow \overline{P}O\overline{S}$

故由"不搞阴谋诡计的人不是野心家"可推出"有些非野心家不搞阴谋诡计"。

22. 由（5）（1），充分条件假言推理的肯定前件式，小芳收到港式月饼。（7）

由（7）（2），充分条件假言推理的否定后件式，小雷收到京式月饼。（8）

由（3）（5），充分条件假言推理的否定后件式，小刚收到苏式月饼。（9）

由（9）（6）（4），由于小刚收到苏式月饼，故小刚不能收到台式月饼，则小刚收到滇式月饼（10）

由（10）（6），小雷收到京式月饼和台式月饼。

综上，小明收到广式月饼，小雷收到京式月饼和台式月饼，小刚收到苏式月饼和滇式月饼，小芳收到港式月饼，小花收到潮式月饼。

综合练习题（三）

一、单项选择题

1.C　　2.D　　3.C　　4.C　　5.A　　6.B　　7.A　　8.C　　9.A　　10.C

二、多项选择题

11. AB　　12. BCDE　　13. BDE　　14. BC　　15. ABE

三、图表题

16. 略

17. 令"该被告守法"为 p，"该被告遵守本单位的规章制度"为 q，命题 A 为：$\overline{p} \wedge q$；命题 B 为：$\overline{p} \wedge \overline{q}$，列真值表如下：

p	$\overline{p}$	q	$\overline{q}$	$p \wedge q$	$\overline{p \wedge q}$	$\overline{p} \wedge \overline{q}$
1	0	1	0	1	0	0
1	0	0	1	0	1	0
0	1	1	0	0	1	0
0	1	0	1	0	1	1

由真值表可知，命题 A 和命题 B 不等值。

四、综合题

18. 证明：令"真正的革命者"为 S，"光明磊落的人"为 P，则原命题为 SAP。

SAP → SEP̄ → P̄ES，P̄ES 即不光明磊落的人不是真正的革命者。

故由"一切真正的革命者都是光明磊落的人"可推出"不光明磊落的人不是真正的革命者"。

19. 令"忽视野生大熊猫生存自然环境的保护"为 p，"野生大熊猫的数量就会不断减少甚至灭绝"为 q，原推理的结构式为：$((p \to q) \wedge q) \to p$。

该推理为充分条件假言推理，其有效式为肯定前件式和否定后件式，而该推理为肯定前件式，故该推理无效。

20. 证明：由小前提为 E 命题，那么结论为否定命题，故大项 P 在结论中周延；由规则三"前提中不周延的项在结论中不得周延"，大项 P 在大前提中周延；若大前提为特称命题，大项 P 只能位于大前提的谓项，即大前提为否定；

这就导致大小前提均为否定命题，因而不是有效三段论。故原假设不成立，即该三段论大前提不能是特称命题

21.论题：阿尔迪、里德尔等德国超市折扣连锁店在全球食品涨价潮中逆市走俏。

论据：德国模式的折扣连锁店经营方式不同于普通超市、家庭店铺或法国特色的农民市场。它的店面一般仅有两三百平方米，过道狭窄，商品包装简单，80% 以上的商品都是食品和饮料，其价格一般要比普通超市低 30% 到 50%。除了其"低价"优势外，折扣店品种少、规模大的采购模式使新开店成本很低。

论证方式：演绎论证。

22.现有 4 根香蕉，由（1）可得西瓜数量为 0；假设有车厘子，由（3）可得必有西瓜，由西瓜数量为 0，根据充分条件假言推理否定后件式，可得没有车厘子，即车厘子数量为 0；假设有苹果，苹果数量是杜果数量的 1/2，且苹果数量与杜果数量之和小于 4。故苹果数量为 1，杜果数量为 2。即只能选择 1 个苹果和 2 个杜果。

综合练习题（四）

一、单项选择题

1.D   2.D   3.C   4.D   5.A   6.C   7.D   8.C   9.D   10.C

二、多项选择题

11. BDE   12. BE   13. AC   14. ACDE   15.BD

三、图表题

16. 略

17. 令"背熟逻辑规则"为 p，"解决逻辑问题"为 q，命题 A 为：$\overline{p \rightarrow q}$；命题 B 为：$p \wedge \overline{q}$，列真值表如下：

p	q	$\overline{q}$	$p \rightarrow q$	$\overline{p \rightarrow q}$	$p \wedge \overline{q}$
1	1	0	1	0	0
1	0	1	0	1	1
0	1	0	1	0	0
0	0	1	1	0	0

由真值表可知，命题 A 和命题 B 等值。

四、综合题

18.令"劳动者"为 S，"得食者"为 P，则原命题为 $\overline{S}A\overline{P}$。

$\overline{S}A\overline{P} \rightarrow \overline{S}E\overline{P} \rightarrow PE\overline{S} \rightarrow PAS$，PAS 即得食者是劳动者。

19.令"热爱本职工作的人"为 p，"成为先进工作者"为 q，原推理可写作：

$((p \leftarrow q) \wedge q) \rightarrow q$。

该推理式为必要条件假言推理的肯定后件式，推理有效。

20.该案例使用了求异法探求因果联系，其逻辑式如下：

场合　　　相关因素　　　　　被研究对象

（1）人造乳喂养，生存环境相同　老鼠体质瘦弱，甚至生病死亡

（2）自然乳喂养，生存环境相同　老鼠长得很健壮

所以，自然乳和人造乳的差异与老鼠的死亡有因果联系。

21.违反了矛盾律。因为：若以（1）和（2）为前提，则可得出结论"餐后不吃水果"，与（3）相矛盾；若以（1）和（3）为前提，则可得出结论"餐前不吃甜点"，则与（2）相矛盾。

22.将五位同学的选择列表如下：

	小明	小丽	小红	小华	小丹
考研					
就业					√
创业					

由（4）小明和小丹中的某一位选择考研时，另一位同学也选择考研，而小丹选择就业，所以小明不考研，即小明的选择为就业或创业。

若小明选择创业，由（6），则小红选择考研；由（1）小丽选择为就业；由（3）（2），则小华选择创业。五位同学的选择如下表所示：

	小明	小丽	小红	小华	小丹
考研			√		
就业		√			√
创业	√			√	

若小明选择就业，由（1），小红选择可为考研或创业。由（1）（3），当小红选择创业时小丽选择考研，小华选择考研；当小红选择考研时小丽选择创业，小华选择创业，由（4）小丽和小华的毕业规划不同，则该假设不成立。

综上所述，小丹选择就业，小明选择创业，小丽选择就业，小红选择考研，小华选择创业。

综合练习题（五）

一、单项选择题

1.B 　2.A 　3.C 　4.D 　5.B 　6.B 　7.C 　8.A 　9.D 　10.C

二、多项选择题

11.BC 　12.CD 　13.BCD 　14.CDE 　15.BE

三、图表题

16. 略

17. 令"听话的孩子"为 p，"有出息的孩子"为 q，命题 A 为：$p \rightarrow q$；命题 B 为：$\overline{p} \leftarrow q$，列真值表如下：

p	q	$\overline{p}$	$p \rightarrow q$	$\overline{p \rightarrow q}$	$\overline{p} \leftarrow q$
1	1	0	1	0	0
1	0	0	0	1	1
0	1	1	1	0	1
0	0	1	1	0	1

由真值表可知，命题 A 和命题 B 不等值。

四、综合题

18. 证明：令"优秀的学生干部"为 S，"热心为同学服务的干部"为 P，则原命题为 SAP。

$SAP \rightarrow SE\overline{P} \rightarrow \overline{P}ES \rightarrow \overline{P}A\overline{S}$，$\overline{P}A\overline{S}$ 即不热心为同学服务的是不优秀的学生干部。

故由"优秀的学生干部都是热心为同学服务的"可推出"不热心为同学服务的是不优秀的学生干部"。

19. 令"新产品打开了销路"为 p，"本企业今年就能实现转亏为盈"为 q，"引进新的生产线"为 s，"对现有设备进行有效的改造"为 t，则推理式写为：

$$p \rightarrow q \tag{1}$$
$$(s \lor t) \leftarrow p \tag{2}$$
$$\frac{\overline{q}}{\overline{s}} \tag{3}$$

由（1）（3），充分条件假言推理的否定后件式可得 $\overline{p}$（4）；（2）为必要条件假言命题，其有效式为否定前件式和否定后件式，$\overline{p}$ 是对后件的否定，故此推理无效。

20. 论题：办公室中白领人员的平均工作效率和室内气温有直接关系。

论据：夏季，当气温高于 30℃时，无法达到完成最低工作指标的平均效率；而在此温度线之下，气温越低，平均效率越高，只要不低于 22℃。冬季，当气温低于 5℃时，无法达到完成最低工作指标的平均效率；而在此温度线之上，气温越高，平均效率越高，只要不高于 15℃。

探求因果联系方式：运用共变法和求同法探求因果联系。

21. 证明：第四格三段论前提中有一否定命题，那么结论为否定，即大项 P 周延；那么大项 P 在前提中周延，P 在第四格三段论大前提的主项，所以大前提必须是全称命题。

22. 将已知条件列入下表：

	小明	小华	小林	小丽	小花
论文选题				4	3
论文结构	4	2	3		1
论文观点		4	2	5	

由表可知，小丽在论文结构上排名第五。

又由（4）在论文观点这一项上，小花的排名比小明靠前，故小花在论文观点上排名第一，小明排名第三。

又由（5）小林在论文选题的排名比论文观点靠前，所以小林论文选题排名第 。

　　小华在论文选题排名可能为第二或第五，又根据（6）小华在这三项上的排名互不相同，所以小华在论文选题排名第五，小明在论文选题上排名第二。

　　综上所述，五位同学在三项标准上的排名如下表所示：

	小明	小华	小林	小丽	小花
论文选题	2	5	1	4	3
论文结构	4	2	3	5	1
论文观点	3	4	2	5	1

后　记

　　自 2012 年博士毕业以来,笔者就开始从事"逻辑学"课程的教学工作。"逻辑学"是公共管理类专业的基础课程,随南昌大学行政管理专业 1993 年成立而开设。一直以来,"逻辑学"在文科类课程中是公认比较难的课程,一来它较为抽象,需要在充分理解的基础上消化和吸收;二来它讲求学习过程的进阶性,从概念到推理,由简单到复杂。基于此,如何将抽象知识体系融入具体实践,从而激发学生学习兴趣,将被动学习转为主动学习,是笔者多年教学工作中一直思考和探索的问题与方向。

　　在近十年的教学实践和探索中,基于对教学内容、教学方式与手段的不断调整和优化,"逻辑学"课程于 2021 年被认定为江西省线上线下混合式一流本科课程,并多次获得"南昌大学授课质量优秀奖",学生学习的积极性与主动性有了很大提升。将教学内容与教学方式的更新与调整在教材中予以体现,编写一本适合公共管理类专业、基于混合式教学理念、融合思政元素的逻辑学教材是课程建设以及专业建设的重要工作。于是,《逻辑学教程》的撰写由此展开……

　　《逻辑学教程》以概念、命题、推理为主脉络,结合教学实践中的重点和难点,辅以习题、案例讨论及思维拓展,以提升学生的逻辑素养和思辨能力。本书主要特色如下:一是力图准确、系统且简明地阐述相关概念和理论;二是结合例题解析和案例分析,帮助学生对知识点的理解和应用;三是有机融入课程思政元素和公共管理时政热点,在提高教学效能的同时达到育人功效。

　　本书的编著凝练着教学团队多年的实践与探索,尤其是李芳凡教授作为教学导师和前辈所发挥的传帮带作用,感谢李芳凡教授一直以来的帮助与支持!

　　本书的出版得到了南昌大学教务处、南昌大学公共政策与管理学院的大力支持，江西人民出版社的蒲浩同志精心审读、编校了书稿，在此一并致以衷心的感谢！

在本书编著过程中，由于习题领域宽泛、所涉资料繁杂，在核对与整理时难免出现纰漏，恳请大方之家不吝批评指正。

张　蓉

2022 年 7 月于南昌大学前湖校区